大 自 然 博 物 馆  百科珍藏图鉴系列

哺乳动物

大自然博物馆编委会　组织编写

化学工业出版社

·北京·

图书在版编目（CIP）数据

哺乳动物 / 大自然博物馆编委会组织编写 . —北京：化学工业出版社，2019.1（2025.1 重印）
（大自然博物馆 . 百科珍藏图鉴系列）
ISBN 978-7-122-33324-7

Ⅰ . ①哺…　Ⅱ . ①大…　Ⅲ . ①哺乳动物纲 - 图集
Ⅳ . ①Q959.8-64

中国版本图书馆 CIP 数据核字（2018）第 268033 号

责任编辑：邵桂林　　装帧设计：任月园　时荣麟
责任校对：张雨彤

出版发行：化学工业出版社（北京市东城区青年湖南街13号　邮政编码100011）
印　　装：涿州市般润文化传播有限公司
850mm×1168mm　1/32　印张9　字数304千字　2025年1月北京第1版第3次印刷

购书咨询：010-64518888　　售后服务：010-64518899
网　　址：http://www.cip.com.cn
凡购买本书，如有缺损质量问题，本社销售中心负责调换。

定　　价：59.90元　

大自然博物馆  百科珍藏图鉴系列

编写委员会

主　　任　任传军

执行主任　任月园

副 主 任　李　蘅　王宇辉　徐守振　宋新郁

编委（按姓名汉语拼音排序）

安　娜　陈　楠　陈　阳　陈艺捷
冯艺佳　李　蘅　李　琦　刘　颖
屈　平　任传军　任　东　任月园
阮　峰　石俊香　宋新郁　王绘然
王宇辉　徐守振　杨叶春　郑楚林
周小川　庄雪英

艺术支持　杨佴旻　宁方涛

支持单位
北京国际版权交易中心
海南世界联合公益基金会
世界联合（北京）书局有限公司
福建商盟公益基金会
闽商（北京）科技股份有限公司
皇艺（北京）文创产业有限公司
明商（北京）教育科技股份有限公司
北京趣高网络技术有限公司
拉普画廊（RAAB）
艺风杂志社
深圳书画雅苑文化传播有限公司
北京一卷冰雪国际文化传播有限公司
旭翔锐博投资咨询（北京）有限公司
华夏世博文化产业投资（北京）有限公司
www.dreamstime.com（提供图片）

项目统筹　苏世春

总序

人·自然·和谐

中国幅员辽阔、地大物博，正所谓“鹰击长空，鱼翔浅底，万类霜天竞自由”。在九百六十万平方千米的土地上，有多少植物、动物、矿物、山川、河流……我们视而不知其名，睹而不解其美。

翻检图书馆藏书，很少能找到一本百科书籍，抛却学术化的枯燥讲解，以其观赏性、知识性和趣味性来调动普通大众的阅读胃口。

《大自然博物馆·百科珍藏图鉴系列》图书正是为大众所写，我们的宗旨是：

- **以生动、有趣、实用的方式普及自然科学知识；**
- **以精美的图片触动读者；**
- **以值得收藏的形式来装帧图书，全彩、铜版纸印刷。**

我们相信，本套丛书将成为家庭书架上的自然博物馆，让读者足不出户就神游四海，与花花草草、昆虫动物近距离接触，在都市生活中撕开一片自然天地，看到一抹绿色，吸到一缕清新空气。

本套丛书是开放式的，将分辑推出。

第一辑介绍观赏花卉、香草与香料、中草药、树、野菜、野花等植物及蘑菇等菌类。

第二辑介绍鸟、蝴蝶、昆虫、观赏鱼、名犬、名猫、海洋动物、哺乳动物、两栖与爬行动物和恐龙与史前生命等。

随后，我们将根据实际情况推出后续书籍。

在阅读中，我们期望您发现大自然对人类的慷慨馈赠，激发对自然的由衷热爱，自觉地保护它，合理地开发利用它，从而实现人类和自然的和谐相处，促进可持续发展。

前言

1758年，瑞典博物学家林奈在《自然与系统》中首次引入“哺乳动物”名称，取代“胎生动物”。

哺乳动物是脊椎动物中最高等的一纲。身体一般分为头、颈、躯干、尾和四肢；体表被毛；体腔内有膈；雌体有乳腺，用乳汁哺育幼体；绝大多数为胎生，有胎盘，如鼠、猪、猴、熊、鲸、蝙蝠等。

在我们的日常生活中，哺乳动物随处可见：

它（马）和人分担着疆场的劳苦，同享着战斗的光荣；它和它的主人一样，具有无畏的精神，它眼看着危急当前而慷慨以赴；它听惯了兵器搏击的声音，喜爱它，追求它，以与主人同样的兴奋鼓舞起来；它也和主人共欢乐：在射猎时，在演武时，在赛跑时，它也精神抖擞，耀武扬威。（布封《马》）

“在乡下住的几年里，天天看见牛。可是直到现在还显现在眼前的，只有牛的大眼睛。冬天，牛被拴在门口晒太阳。它躺着，嘴不停地磋磨，眼睛就似乎比忙的时候睁得更大。”（叶圣陶《牛》）

“这条狗和农村里千千万万条狗一样，它并没有什么显著的特点，更不是一条名贵的纯种狗。这是一条黄色的土种公狗。也许，它的毛色要比别的狗光滑一些，身子要比别的狗壮实一些，但也从来没有演出过可以收入传奇故事里去的动人事迹。”（张贤亮《邢老汉和狗的故事》）

就连人类本身，也属于脊索动物门、脊椎动物亚门、哺乳动物纲、灵长类猿猴亚目、类人猿超科人科动物、人属、智人。按照进化论的说法，大约在2600万年前，人类从树上跳了下来，后来学会了使用工具和火——这伟大的一跳，使人类在众多动物中脱颖而出，成为动物中的佼佼者。

除了司空见惯的哺乳动物，在山林里，在田野中，在草原旷野，在湖泊沼泽，在碧蓝大海，在热带雨林，在冰天雪地，还出没着多种哺乳动物，它们与其他物种一起，过着“万类霜天竞自由”的生活。

本书收录了哺乳动物近200种，涉及在多种环境中生活的哺乳动物种类，介绍其形态、习性和繁殖要点。全书图片600余幅，精美绝伦，文字讲述风趣、信息量大、知识性强，是珍藏版的哺乳动物百科读物，适于动物爱好者、野外环境爱好者与工作者阅读鉴藏。

轻松阅读指南

本书详细讲述了200多种哺乳动物的形态、习性、繁殖等。阅读前了解如下指南，有助于获得更多实用信息。

名称

提供中文名称

总体简介

用生动方式简介动物，给读者直观了解

动物形态

指导你认识和鉴别树鼩目、灵长目、啮齿目、食肉目、鲸目等19个目的哺乳动物

习性

介绍树鼩目、灵长目、啮齿目、食肉目、鲸目等19个目的哺乳动物的活动、取食、栖境等

繁殖

提供具体哺乳动物种类的繁殖、寿命等信息

图片注释

提供动物的局部图，方便你仔细观察其头、躯、足等，认识其具体生长特点，以便于增强认知，准确鉴别

篇章指示　**科属**　**学名**　**英文名**

大熊猫 | 科属：熊科，大熊猫属 | 学名：*Ailuropoda melanoleuca* D. | 英文名：

大熊猫

爬树行为一般表现在临近求婚期或为了逃避危险

大熊猫在地球上生存了800万年以上，被誉为“活化石”和“中国国宝”、世界自然基金会的形象大使、世界生物多样性保护的旗舰物种。因体型肥硕似熊，长相如猫咪一样可爱，常被称作“猫熊”。最初为肉食动物，进化后99%的食物为竹子，又有“竹熊”之名。它包含秦岭亚种、指名亚种，还有白色和棕色两个变异种，有学者认为还存在始熊猫个体。

不惧寒湿，活泼

形态 大熊猫丰腴富态，头圆尾短，头躯长1.2～1.8米，体重80～120千克，雄性个体稍大于雌性。头部和身体均有黑白相间的斑点，毛色黑中透褐，白中带黄。爪锋利，前后肢发达有力，皮肤

习性 **活动**：每天一半时间觅食，剩下时间睡觉。善于爬树，也爱嬉戏；缓处行走，避免爬坡。**取食**：竹子占全年食物量的99%，最喜欢吃大箭竹竹等。**栖境**：喜湿性，栖息地在长江上游的高山深谷，为东南季风的迎风常在80%以上，面积达20 000平方千米以上，海拔高度为2600～3500米。

繁殖 多雄多雌制。每年发情1次，每年3～5月持续2～3天。妊娠期83～200天，幼子8月出生，出生重约145克，在母亲身边18个月至两年。野生寿命为20年。

每两次进食中间睡2～4个小时，平躺、侧躺、俯卧、伸展或蜷成一团都是它们喜好的睡觉方式
利用
等传

别名：猫熊、竹熊、食铁兽 | 分布：中国四川、陕西和甘肃山区 | 濒危

042

图片展示

提供动物的生境图，方便你观察到其自然的生长状态，对整体形象产生认知

分布

提供该种动物在世界范围内的简略生长分布信息，并指明在我国的生长区域，方便观察

别名

提供一至多种别名，方便认知

濒危状态

提供世界自然保护联盟濒危物种红色名录物种保护级别标识

动物科学分类示例

动物界	Animalia
脊索动物门	Chordata
哺乳纲	Mammalia
后兽亚纲	Marsupialia
袋鼠目	Diprotodontia
树袋熊科	Phascolarctidae
树袋熊属	*Phascolarctos*
树袋熊	*P. cinereus*

二名法

Phascolarctos cinereus

Goldfuss, 1817

命名者

命名年份

警告 本书介绍哺乳动物知识，请在野外慎捕捉，更不要偷猎。

目录

PART 6

长鼻目

PART 7

啮齿目

PART 8

兔形目

PART 9

蹄兔目

PART 10

鳍脚目

山斑马

认识哺乳动物

顾名思义，哺乳动物能通过乳腺分泌乳汁来给幼体哺乳。它是脊椎动物中躯体结构、功能行为最复杂的最高级动物类群，多数种类全身被毛、运动快速、恒温胎生、体内有膈。

人是高级哺乳动物。

分类

哺乳动物现存19目123科1042属4237种，可分为原兽亚纲、真兽亚纲和后兽亚纲。原兽亚纲包括已灭绝的中生代哺乳动物和现在的单孔目。单孔目中有短吻针鼹和鸭嘴兽，产于澳大利亚、塔斯马尼亚和新几内亚，现存只有1目2科3属3种。后兽亚纲，包括各种有袋类，产于南、北美洲，澳大利亚及其邻近岛屿，共7目19科86属约250种。真兽亚纲，包括各种有胎盘类，广布世界各地。

中国有11目，都是有胎盘类。中国北方属古北界，哺乳纲的代表科有鼠兔科、河狸科、蹶鼠科、跳鼠科、睡鼠科；南方属东洋界，代表科有长臂猿科、懒猴科、大熊猫科、灵猫科、麝鹿科、穿山甲科、狐蝠科、象科、猪尾鼠科、竹鼠科等。

进化

与鸟类一样，哺乳类动物都是由爬行类进化而来的。最早的哺乳动物化石是发现在中国的吴氏巨颅兽，它生活在2亿年前的侏罗纪。中生代时的所有哺乳动物都很小。在恐龙灭绝后哺乳动物占据了许多生态位。到第四纪时，哺乳动物已经成为陆地上占支配地位的动物了。

分布

除南极、北极中心和个别岛屿外，几乎遍布全球，从海洋到高山、从热带到极地均见。营陆上、地下、水栖和空中飞翔等多种生活方式。

鼩形食虫目鼩鼱科哺乳动物，吃蚯蚓、昆虫，长得极像老鼠

哺乳动物物种分类

原兽亚纲：原始卵生哺乳动物，包括单孔目和很多早期哺乳动物。

单孔目：现存最原始的哺乳动物，卵生。

后兽亚纲：即有袋类，又称有袋亚纲，共7目。

袋鼠目：营陆栖或树栖生活，分布于大洋洲。

袋鼬目：包括袋狼科、袋食蚁兽科和袋鼬科，分布于澳大利亚和新几内亚。

负鼠目：包括棉毛负鼠亚科和负鼠亚科，主要分布于南美洲。

鼩负鼠目：体小，无育儿袋，分布于南美洲。

袋狸目：包括袋狸科和兔耳袋狸科，分布于澳大利亚和新几内亚。

智利负鼠目：分布于南美洲安第斯山区。

袋鼹目：体形如鼹，分布于澳大利亚西部。

真兽亚纲：即有胎盘类，新生代占统治地位。

跳鼩目：产于非洲的小目，曾经被置于食虫目。

树鼩目：产于亚洲热带地区的小目，即树鼩。

皮翼目：产于亚洲热带地区的小目，仅包括两种鼯猴。

翼手目：即蝙蝠，哺乳动物第二大目，遍及南极以外。

灵长目：包括猿猴、狐猴和人类等。

鳞甲目：即穿山甲，分布于非洲和亚洲热带、亚热带地区。

兔形目：包括兔和鼠兔，分布于大洋洲和南极洲以外。

啮齿目：哺乳动物最大一目，遍及南极洲以外。

食肉目：包括陆生的裂脚类和海生的鳍脚类。

鲸目：分布于世界海洋，其中有些是地球上最大的动物。

海牛目：分布于各大洲热带、亚热带沿海地区以及非洲和南美洲的部分淡水水域。

鳍脚目：由古代食肉类分出。水栖。分布于南、北半球寒带和温带海洋。

蹄兔目：分布于非洲和阿拉伯的小目。

长鼻目：即象类，分布于非洲和亚洲热带地区。

管齿目：仅土豚一种，分布于非洲的食蚁动物。

奇蹄目：包括马、貘和犀牛，分布于非洲、亚洲和中南美洲。

偶蹄目：分布于大洋洲和南极洲以外的世界各地。

肉齿目：曾与食肉目一起称霸地球，包括牛鬣兽和鬣齿兽，现已灭绝。

带甲目：包括九带犰狳和拉河三带犰狳。

猬形目：包括迷你刺猬和普通刺猬。

披毛目：包括大食蚁兽、小食蚁兽和二趾树懒。

哺乳动物生理特征

取食

出现口腔咀嚼和消化，大大提高了对能量的摄取

胎生哺乳

除最原始的单孔类卵生外，都是胎生，高级种类有胎盘；母兽对仔兽进行较长期的哺乳和抚育，使后代有较高的成活率

毛囊和汗腺

即便外表光滑的鲸科在身体的某些部位也有少量毛发

外形

多样，小至体长30毫米长有翅膀的凹脸蝠，大至体长33米的蓝鲸

白尾长耳大野兔

身体结构

复杂，有区别于其他类群的大脑结构、恒温系统和循环系统，具有为后代哺乳、大多数属于胎生、具有毛囊和汗腺等共同的外在特征

神经系统和感官

高度发达，能协调复杂的技能活动，在智力和对环境的反应上远远超过其他类群

乳腺和哺乳行为

通过身体的腺体产生乳汁给后代哺乳，幼龄的乳腺在雌雄两性没有明显区别

体温

恒温（25～37℃），完善的血液循环系统、优良隔热性能的体表被毛和其他体温调节的机制，提供了稳定的内环境，减少了对外界环境的依赖，区别于冷血动物

运动

具有在陆地上快速运动的能力

江獭

环境、习性与繁殖

环境

作为恒温动物，哺乳动物能在较寒冷和较炎热的环境里控制体温，能适应各种不同温度和地形的生存环境。

荒漠

许多荒漠哺乳动物的体温比正常值高一些。它们需要经常性迁徙来保证食物和水源的充足供应，无论大小都具有长途跋涉的能力。

加州海狮白天在海中度过，晚上到岸上睡觉，可下潜100米

草原

草原哺乳动物具有聚集成群落、按季节进行规律性迁徙的特点。为了躲避天敌，它们要么演化出高速运动的能力，要么挖掘洞道进行穴居。它们会聚集成大型群落减少成为单个目标的危险，有时不同物种也会混合聚集起来。

森林

为了躲避天敌，许多树栖哺乳动物会在树枝上休息。皮毛颜色大多数是深浅不一的棕色混合，如此融入生存环境的背景中去。

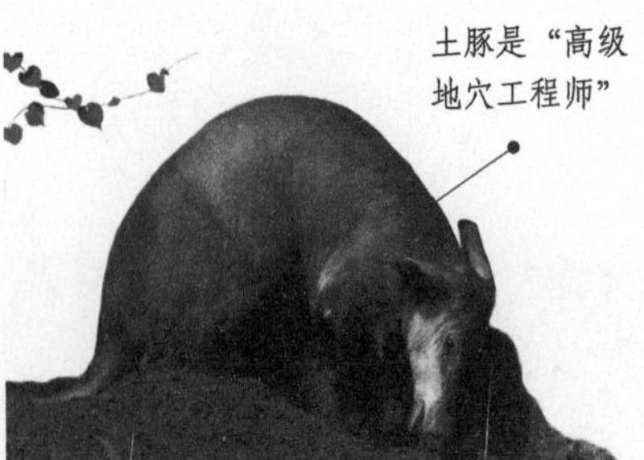

土豚是“高级地穴工程师”

猩猩树栖，独自行动，会利用工具获得食物，主要吃果实、嫩枝、花蕾、昆虫等

极地高山

寒冷环境中的哺乳动物都有多重毛发。为了在不同季节有效实施伪装，许多极地哺乳动物如北极狐和北极兔每年会换两次毛。为了提高身体的运氧能力，高山哺乳动物的血液中红细胞的密度更高。

水生

水生哺乳动物演化出了光滑的流线型身体，水中运动能力比起许多鱼类有过之而无不及。

习性

哺乳动物种类不一、习性不一，但总体而言活动能力强，一些种类甚至有复杂的社群行为。

食性

原始兽类是主要以昆虫为食的杂食动物，后因适应不同生活方式而演变为：杂食者，以动物和植物为食；草食者，以植物为食；肉食者，以动物为食。

草食动物牙齿和咬肌发生了许多变化，啮齿类和兔形类发展了可终生生长的凿形门齿，以适应啮咬粗硬的树皮、坚果等；牛科和鹿科动物的上门齿消失，代之以厚的皮肤垫，以适应扯断草茎。犬齿在草食兽类中常常消失，而颊齿则扩大成为有效的研磨结构。

肉食兽类有着十分发达的犬齿，便于刺穿捕获物。臼齿数倾向减退。各种食蚁兽类，如穿山甲、食蚁兽、土豚、针鼹、袋食蚁兽等，牙齿都极端退化，发展了适于舔食蚁类的长且富于黏液的舌。

羚牛是大型牛科食草动物，不丹的国兽，食料至少包括一百多种植物

欧亚红松鼠以坚硬的种子或针叶树的嫩叶、芽为食，也吃蘑菇、浆果等，有时吃昆虫的幼虫、蚂蚁卵

松子会被松鼠采集埋藏到泥坑里，次年春天长出红松苗

运动

陆栖哺乳动物的运动器官是四肢，运动方式主要是行走和奔跑，可分为足全部着地的跖行类、仅以指（趾）着地的趾行类和仅以趾端着地的蹄行类。

树栖哺乳动物具有适应树栖生活的四肢构造和运动方式，如猴类具有握住树枝的长且弯曲的指，松鼠具有尖锐的爪用来攀援树干。

飞行哺乳动物蝙蝠，前肢高度特化，形成适于飞行的翼。

水栖哺乳动物的运动器官也发生显著改变。半水栖的水獭前后肢都具有蹼；完全水栖的海豹、海狮前后肢都缩短并加宽成为桨状；鲸、海豚后肢退化，前肢变为鳍状，身体末端有水平、宽大的尾鳍上下击水推进运动。

浣熊一般在树上建造巢穴，也会使用土拨鼠建筑的洞穴

栖息

荒漠哺乳动物一般栖息在石穴或洞穴中，一些小型食用种子的哺乳动物还会将种子储藏到洞穴里，例如更格卢鼠可在洞穴里储藏5千克的种子。

草原哺乳动物会挖掘洞道进行穴居，也会聚群落群居。

森林哺乳动物许多居住在树上，也会利用树洞筑巢，或者利用树丛、山坡等地形寻找合适的家园以避免敌害，再或者于林地穴居。

水生哺乳动物以水体为家园，也在近岸泥沼湿地处营穴居或在隐蔽处、水边林木上栖居。

哺乳动物中，一些种类会夏眠或冬眠，以躲避环境变化。例如，栖息在非洲马达加斯岛上的箭猪，每当盛夏来临，便在隐蔽处夏眠几个星期。再如草地林跳鼠，一旦进入冬季蛰眠状态，便会持续到春季，哪怕冬季暖阳也不能将其唤醒。

繁殖

哺乳动物的主要特征是体表有毛、牙齿分化、体腔内有膈、心脏四腔、用肺呼吸、大脑发达、体温恒定、胎生、哺乳。

胎生

胎生、哺乳是哺乳动物特有的生殖发育特点，提高了后代的成活率。

受精卵：在雌性动物子宫里发育成熟并生产。

胚胎：发育所需营养可以从母体获得，在母体子宫内发育完成后由产道直接产出。

哺乳：产下幼仔以后，雌性用自己乳腺分泌的乳汁哺育幼仔。

卵生

鸭嘴兽是世界上仅有的三种卵生哺乳动物之一（另两种是短吻针鼹、长吻针鼹），它没有乳头，肚子上有一小袋分泌乳汁，小鸭嘴兽靠舔乳汁长大。

黄斑蹄兔没有固定的繁殖季节，妊娠期长达7~8个月

水獭一年四季都能交配，但主要在春季和夏季，交配在水中，但雌兽却在巢穴的草上产仔，孕期大约为2个月，一般在冬季产仔，每胎产1~5仔，初生的幼仔体重为50~70克，被有黑而软的稀疏长毛，双眼紧闭，也没有牙齿，出生一个月才睁开眼睛，哺乳期约50天

赤狐

濒危与保护

地球上10大最神奇的哺乳动物（剑齿猫、巨犀、蜜熊、走鲸、袋獾、长颈驼、鸭嘴兽、穿山甲等），要么已经灭绝，要么濒临灭绝。在气候变化、环境污染、生态破坏的多重压力下，今天无危的哺乳动物品种在未来也可能消失。

哺乳动物受威胁的主要原因是栖息地的丧失和偷猎。

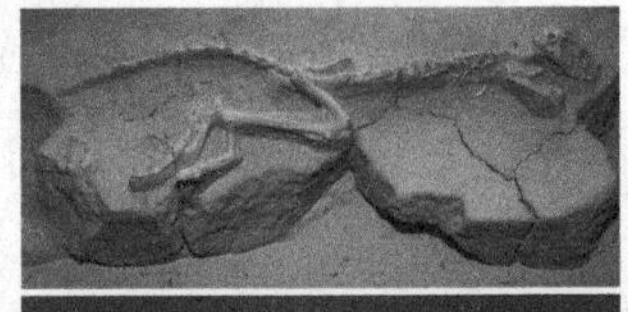

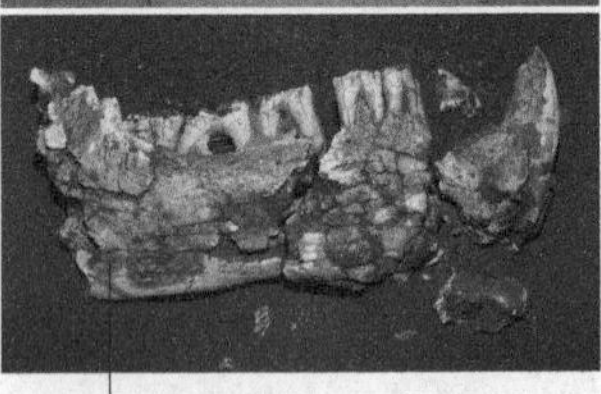

已灭绝的袋狼化石；袋狼出现于400万年前，灭绝的国际标准时间为1986年；至20世纪90年代初，至少有7种袋狼化石被发掘

世界自然保护联盟濒危物种红色名录

IUCN Red List of Threatened Species（IUCN）

这是全球动植物物种保护现状最全面的名录，也被认为是生物多样性状况最具权威的指标。它根据物种数目下降速度、物种总数、地理分布、群族分散程度等准则分类，把物种保护级别分为9类：

EX 绝灭　EW 野外绝灭　CR 极危　EN 濒危　VU 易危　NT 近危　LC 无危　DD 数据缺乏　NE 未评估

袋狼复原图

白尾长耳大野兔

树鼩目

PART 1

034~035页

南印树鼩 | 树鼩科，印度树鼩属 | 学名：*Anathana ellioti* W. | 英文名：Madras treeshrew

南印树鼩

南印树鼩又名印度树鼩，生活在印度中南部的山地森林里，其属名源自泰米尔语的“Moongil Anathaan”（意为“竹松鼠”），种名则源自在印度东南部省马德拉斯当公务员的沃尔特·埃利奥特爵士（Sir Walter Elliot）的名字。

形态 南印树鼩体型纤长，呈流线型；头体长为16~18.5厘米，尾长16.5~19.5厘米，平均体重约160克。头部呈弹头形，吻鼻细长；耳基宽大，耳短、圆；眼睛大。身体被覆毛发，体色呈棕黄色；背部至尾巴呈红褐色；腹部、四肢颜色较浅，呈黄棕色或灰白色。

习性 **活动**：不是特别迷恋树栖，经常下到地面活动或攀援岩石觅食昆虫和种子。喜欢攀爬低斜树干，并喜欢头朝下滑下来。**取食**：杂食性，主要捕食昆虫，如毛毛虫、飞蚂蚁、蝴蝶等，也爱吃种子和水果。**栖境**：原始栖息地在印度南部和中部的热带雨林、丘陵、山地等地区，喜欢出现在干燥、潮湿或半潮湿的阔叶林和灌木丛林里。

繁殖 通常一胎产5仔，其他繁殖信息观察不详。

体型、颜色均与松鼠不同，尾巴也不上翘，整体看似一只粗尾巴的大老鼠

别名：不详 | 分布：印度中部和南部 | 濒危状态：LC

普通树鼩

普通树鼩的分类地位至今仍无定论，从前被划归为食虫类，后来又划归为灵长类，现在则被作为一个独立类群，介于食虫类与灵长类之间。现已被列入《国家保护的有益的或者有重要经济、科学研究价值的陆生野生动物名录》。

颈侧有2条棕黄色条纹

形态 普通树鼩外形很像松鼠，体重110~185克，体长16~18厘米。两眼并列，眼眶圆形，眼大，眼窝后面有褶皱；耳短而圆；前后肢均有5指（趾），并且具有爪；第一指（趾）和其他4指（趾）稍分开，虽不能完全握住东西，但能伸出指（趾）爪抓住树枝等。尾巴大、蓬松，几乎与身体等长。体毛主要为橄榄褐色。

习性 **活动**：昼行性，经常在地面寻食，遇到危险时逃到树枝上躲藏。起动时尾巴会翘起呈半蜷曲状；奔跑时尾巴也如此或贴近身体背面。奔跑到4~8米时，会突然停住向四周环视，然后继续向前奔跑。对外界刺激高度敏感，受惊时尾巴上翘并不停抖动。**取食**：杂食性，常以昆虫、小鸟以及五谷野果为食，喜蜂蜜等甜食。**栖境**：热带和亚热带山地、丘陵和平原谷地的森林或林缘灌丛，也常见于村寨附近的稀树灌丛。

繁殖 繁殖能力强，每年可繁殖1~2胎。每年1~5月发情，雌兽孕期40~45天，每胎产2~4仔；子树鼩出生时体重约10克，全身无毛，皮肤粉红，眼闭，只会蠕动；哺乳期为35~40天。寿命可长达5~7年。

许多行为与松鼠相似，所以被产地居民叫做“松鼠”

别名：松鼠 | 分布：我国广西、海南、云贵川、西藏和亚洲南部、东南部 | 濒危状态：LC

食肉目

PART 2
038~103页

北极熊 ▶ 科属：熊科，熊属 | 学名：*Ursus maritimus* P. | 英文名：Polar bear

北极熊

北极熊为世界上最大的陆地食肉动物，包括7个亚种，分布在北极圈附近。它憨态可掬，皮肤黑色，毛发透明呈白色，又名“白熊”。

嗅觉极其灵敏，可以捕捉到方圆1千米或1米冰雪下的气味

性情温顺、憨厚、可爱、忠诚，是人类的好伙伴

形态 北极熊身材庞大，直立高达2.8米，肩高1.6米。雌雄个体差异较大，雄性体重300~800千克，雌性150~300千克，头长脸小，耳小而圆，颈细长，足宽大，肢掌多毛，皮肤呈黑色。毛无色透明，外观上通常呈白色，夏季由于氧化可能变成淡黄色、褐色或灰色。

习性 **活动**：大部分时间处于“静止”状态，例如睡觉、躺着休息或守候猎物，剩下时间在陆地或冰层上行走或游水，袭击猎物，享受美味。**取食**：食肉，主要捕食海豹，特别是环斑海豹、髯海豹、鞍纹海豹、冠海豹等，也捕捉海象、白鲸、海鸟、鱼类及小型哺乳动物，有时也打扫腐肉；夏季偶尔吃浆果或植物根茎，春末夏初会到海边取食海草补充所需的矿物质和维生素。**栖境**：北冰洋附近的浮冰海域。

繁殖 一夫多妻制，每年3~5月交配，发情期约3天，雄性和雌性会短暂配对，为传宗接代而非永久结合。妊娠期195~265天，每胎通常2只，幼仔死亡率10%~30%。幼仔长约30厘米，重700克，1~2个月可以行走，3 ~ 4个月母熊便携子离开洞口，4~5个月断奶，2~3岁后独立，5~6岁性成熟。寿命25~30年。

从鼻头、爪垫、嘴唇以及眼睛四周的黑皮肤看出皮肤的原貌，黑色的皮肤有助于吸收热量，这是其保暖的好方法

奔跑时速可达40千米，能在海里以时速10千米游长达97千米

▶ 别名：白熊 | 分布：北冰洋附近 | 濒危状态：VU

黑熊 | 科属：熊科，熊属 | 学名：*Ursus thibetanus* G. | 英文名：Asian black bear

黑熊

嗅觉和听觉灵敏，视觉差，行动谨慎又缓慢

全身被着富有光泽的漆黑色毛

黑熊有7个亚种，体毛黑长而亮，下颏白色，胸部有一块V形白斑呈月牙状，又得名“月熊”或“月牙熊”。又因视觉较差被称为“黑瞎子”。

形态 黑熊雌雄个体差异显著，雌性体重40～140千克，雄熊体重60～200千克，肩高1.2～1.9米。身体粗壮，头部宽圆，吻较短。鼻端裸露，鼻面部呈棕褐色或赭色，眼小。颊后及颈部两侧毛甚长，形成两个半圆形毛丛，胸部毛最短；肩部较平，臀部稍大于肩部。尾很短，长7～8厘米。四肢粗健，前后肢都具5指（趾），爪弯曲呈黑色，前后足均肥厚。

习性 **活动**：垂直迁徙，夏季栖息在高山，入冬前转移到海拔低处甚至干旱河谷灌丛地区。独居，冬季冬眠，在树洞、岩洞、地洞、圆木或石下、河堤、暗沟和浅洼地建巢。**取食**：杂食性，取食芽、叶、茎、根、果实、菇类、鱼类、无脊椎动物、鸟类、啮齿类动物和腐肉，也挖掘蚁窝和蜂巢。**栖境**：热带雨林到亚热带常绿阔叶林、灌丛、温带落叶阔叶林、针阔叶混交林、针叶林及山地寒温带针叶林。

繁殖 俄罗斯黑熊每年6～7月交配，幼仔12月～翌年3月出生；巴基斯坦黑熊10月份交配，幼仔次年2月降生。隔年生殖1次，幼仔体重约500克，1个月后睁眼，双胞胎很常见，也有1或3仔；6～8个月断奶，次年冬天独立生活。

前足的腕垫宽大，与掌垫相连，掌垫与指垫间有棕黑色、灰黑色短毛，后足跖垫宽大肥厚，跖垫与趾垫间也有棕黑色或灰黑色短毛
秋天大量进食以储存脂肪，冬季蛰伏洞中，不吃不动，自动降低体温、心率，降低新陈代谢，翌年三四月份出洞

别名：亚洲黑熊、月熊、月牙熊、狗熊、黑瞎子 | 分布：北冰洋附近 | 濒危状态：VU

棕熊

陆地上食肉目体型最大的哺乳动物之一

前爪最长能到15厘米

棕熊又称灰熊，包括20个亚种。因体型健硕，肩背隆起，身体直立时如人一样，因而又得名“人熊”。

形态 棕熊体长1.5～2.8米，肩高0.9～1.5米，雌雄个体差异较大，雄性体重135～545千克，雌性体重80～250千克。体型健硕，肩背和后颈部肌肉隆起。头颅较大，耳朵颇小，吻部较宽，具42颗牙齿。前爪较长，长有短尾。

习性 **活动**：除了繁殖期和抚幼期都单独活动。白天活动，晨昏时分外出，白天躲在窝里休息，也有些棕熊任何时候都四处走动。冬眠，从10月底或11月初开始到翌年3～4月。**取食**：食性较杂，植物包括各种根茎、块茎、草料、谷物及果实等，喜吃蜜；动物包括蚁卵、昆虫、啮齿类、有蹄类、鱼和腐肉等。**栖境**：适应力强，从荒漠边缘至高山森林，甚至冰原地带都能顽强生活。

繁殖 每年5～7月交配，妊娠期6～9个月，初春时生育，每胎产2～4仔，通常是2个。母熊用一年半时间抚养小熊，幼仔刚出生只有300克，全身无毛，眼睛紧闭，30～40天后睁眼，6个月以后以植物和小动物为食，在母亲身边待到2.5～4.5岁，之后去寻找自己的领地，4～6岁性成熟，生理成熟期10～11岁。寿命约20～30年。

嗅觉极佳，是猎犬的7倍，视力也很好，捕鱼时能看清水中的鱼类

被毛粗密，冬季厚度可达10厘米，颜色各异，如金色、棕色、黑色和棕黑色等

别名：灰熊、马熊、人熊、罴 | 分布：欧亚大陆北部和美国北部 | 濒危状态：LC

马来熊 | 科属：熊科，马来熊属 | 学名：*Helarctos malayanus* R. | 英文名：Sun bear

马来熊

马来熊是食肉目马来熊属下的一种小型熊类动物，有2个亚种，我国仅分布于云南南部山地中。它是现存体型最小的熊，不冬眠是它最显著的特征，也是熊亚科里唯一不冬眠的种类。

形态 马来熊雌雄个体差异较大，公熊个头比母熊大10%～20%，雄性成年个体体重27～75千克。体胖颈短，头部短圆，眼小，鼻、唇裸露无毛，耳小而颈部宽。全身毛短绒稀，乌黑光滑，鼻与唇周为棕黄色，眼圈灰褐，两肩有对称的毛旋，前胸点缀着显眼的“U”形或马蹄形斑纹，呈浅棕黄或黄白色。尾约与耳等长，指（趾）基部有蹼。

习性 **活动**：夜间活动，是爬树高手，大部分时间在离地面2～7米的树杈上的粗糙窝中度过，包括睡眠和日光浴。**取食**：杂食性，食物主要是蜜蜂和蜂蜜、白蚁以及蚯蚓，植物果实和棕榈油，小型啮齿类动物、鸟类和蜥蜴等以及腐肉。**栖境**：南亚热带雨林和亚热带常绿阔叶林里，海拔3000～3500米，喜低洼地带。

繁殖 交配期通常在每年5～6月，发情期表现活泼，会做出拥抱、模拟战斗、来回摇头等动作。妊娠期95～174天，有的母熊怀孕长达240天。每胎产2～3仔，幼仔无毛，体重280～325克，1～3个月可随母亲外出，哺乳期18个月，3～4岁性成熟。寿命长达30年。

幼年个体活泼可爱，成年个体凶猛危险

别名：狗熊、太阳熊、小狗熊、小黑熊 | 分布：南亚、东南亚 | 濒危状态：VU

大熊猫 科属：熊科，大熊猫属 | 学名：*Ailuropoda melanoleuca* D. | 英文名：Giant panda

大熊猫

爬树行为一般表现在临近求婚期或为了逃避危险

不惧寒湿，活泼且温顺可爱

大熊猫在地球上生存了800万年以上，被誉为“活化石”和“中国国宝”、世界自然基金会的形象大使、世界生物多样性保护的旗舰物种。因体型肥硕似熊，长相如猫咪一样可爱，常被称作“猫熊”。最初为肉食动物，进化后99%的食物为竹子，又有“竹熊”之名。它包含秦岭亚种、指名亚种，还有白色和棕色两个变异种，有学者认为还存在始熊猫个体。

形态 大熊猫丰腴富态，头圆尾短，头躯长1.2～1.8米，体重80～120千克，雄性个体稍大于雌性。头部和身体均有黑白相间的斑点，毛色黑中透褐，白中带黄。爪锋利，前后肢发达有力，皮肤较厚。

习性 **活动**：每天一半时间觅食，剩下时间睡觉。善于爬树，也爱嬉戏；喜欢在平缓处行走，避免爬坡。**取食**：竹子占全年食物量的99%，最喜欢吃大箭竹、华西箭竹等。**栖境**：喜湿性，栖息地在长江上游的高山深谷，为东南季风的迎风面，湿度常在80%以上，面积达20 000平方千米以上，海拔高度为2600～3500米。

繁殖 多雄多雌制。每年发情1次，每年3～5月持续2～3天。妊娠期83～200天，幼子8月出生，出生重约145克，在母亲身边18个月至两年。野生寿命为20年。

利用气味、声音等传递信息

每两次进食中间睡2～4个小时，平躺、侧躺、俯卧、伸展或蜷成一团都是它们喜好的睡觉方式

别名：猫熊、竹熊、食铁兽 | 分布：中国四川、陕西和甘肃山区 | 濒危状态：EN

小熊猫

小熊猫包含指名亚种和川西亚种两种。它的外形像猫，但比猫肥大，全身红褐色，因而得名“红熊猫”或“红猫熊”。

脚底长有厚密的绒毛，适于在林下湿滑的苔藓地或岩石上行走，前足内弯，步态蹒跚，与熊相似
行动缓慢，较为温顺

形态 小熊猫躯体肥壮，全身被红褐色粗壮长毛，体长40～63厘米，尾长为体长的一半，体重约5千克。头部短宽，头骨轮廓高而圆，吻部突出。圆脸，颊有白斑。眼睛前向，瞳孔为圆形，鼻端裸露，皮肤表面为颗粒状。耳大直立且前伸。四肢粗短，后肢略长于前肢，前后肢均具5指（趾），跖行性。足掌上具厚密的绒毛，盖住跖垫。爪弯曲而锐利，能伸缩。尾粗长，不能缠绕物体，尾上带有深浅相间的环纹。

习性 **活动**：善攀爬，能爬到高而细的树枝上休息或躲避敌害。平时行动缓慢，性情较为温驯，很少发出叫声。**取食**：喜食箭竹的竹笋、嫩枝和竹叶，各种野果、树叶、苔藓以及小鸟或鸟卵和昆虫等其他小动物，尤其喜食带有甜味的食物。**栖境**：海拔3000米以下的针阔混交林或常绿阔叶林中有竹丛处，平日栖居于大的树洞或石洞和岩石缝中。

耳郭尖，耳内有毛，耳基部外侧生有长的簇毛
利用声音、分泌物等传递信息
天敌是青鼬、豺和金钱豹等

繁殖 3~4月发情，雌雄性会发出求偶声，雌兽还排出带气味的分泌物。妊娠期117~122天，5~7月产仔，每胎2～3仔，偶有4仔。幼兽长满绒毛，闭眼，体重100～150克，21～30天睁眼，与母兽共同生活约一年，第二年母兽临产前将幼兽撵开。

别名：红熊猫、红猫熊 | 分布：缅甸、尼泊尔山麓和中国境内 | 濒危状态：VU

 科属：浣熊科，浣熊属 | 学名：*Procyon lotor* L. | 英文名：Raccoon

浣熊

憨态可掬，令人喜爱

浣熊又称北貂，有四个亚种。因体型较小，常在河边捕食鱼类让人误以为在水中浣洗食物，故得名。浣熊为夜行性动物，喜欢晚上十二点后出门觅食、活动，被加拿大人称为“食物小偷”。鉴于小浣熊干脆面超强的“群众基础”，不少人又将小浣熊称之为“干脆面君”。

形态 浣熊为中型哺乳动物，体长40～70厘米，重3.5～9千克，具密集的灰色细软绒毛。眼睛周围呈黑色，与白脸形成对比。耳朵略圆，通常为深浅不等的灰色，上方为白色。前后肢有5指（趾），脚指（趾）常分，能抓住东西。口中原本是裂齿，进化成能咬碎东西的牙齿。尾长20～40厘米，有黑白环纹，也有少数为黄白相间。

习性 **活动**：喜游泳，平时在树上休息，晚上活动。白天在空心树和岩石或地面上的洞中睡觉，受到黑熊追踪时会逃到树梢躲起来。冬天躲进树洞冬眠。**取食**：杂食，春天和初夏主要吃昆虫、蠕虫等。夏末、秋季及冬天吃水果和坚果。喜欢吃鱼、两栖动物和鸟蛋。**栖境**：潮湿森林地区，临近水源，或农田、郊区和城市地区。在树上建造巢穴，也会使用土拨鼠的洞穴或生活在矿山、废弃物、谷仓、车库、下水道或人类的房子中。

繁殖 一夫一妻制。1～2月交配，妊娠期63～65天，每年1胎，4～5月产仔，每胎3～7仔，通常4仔。幼仔夏末断奶后独立生活。不冬眠，但严冬会匿藏起来。野生浣熊已知最长寿命为12年。

越冬时皮毛会增长到2～3厘米

别名：北貂、食物小偷、干脆面君 | 分布：大部分生活于美洲地区 | 濒危状态：LC

蜜熊 | 科属：浣熊科，蜜熊属 | 学名：*Potos flavus* S. | 英文名：Kinkajou

蜜熊

以不同的声音沟通，叫声尖锐，仿佛女人的尖叫声
尾近似与体等长，可以抓住东西，也可用来帮助攀树，但不用尾巴来抓食物

蜜熊是浣熊科蜜熊属在雨林中生活的唯一种，主要在美洲地区生活，包括7个亚种。它时常被人们误认成雪貂或猴子，但它们之间并非密切相关。

形态 成年蜜熊体长40～60厘米，体重1.4～4.6千克，雄性体型略大于雌性。外毛皮呈金色，也有其他颜色的变种。眼睛大，耳朵小，躯干短，腿细长，尾巴灵活，可用来挂在树上；爪子锋利且灵活，可以牢牢地抓紧树干；后腿可以向后翻转；脊柱灵活柔软。

习性 **活动**：夜行性，树栖，活跃于晚上七时至午夜及破晓前一小时。日间睡在树洞或树荫下。以族群聚居，经常独自觅食，有时也会成群或与犬浣熊一同觅食。**取食**：杂食性，有锋利的牙齿，主要吃植物果实，也会取食鸟蛋、昆虫及鸟类。**栖境**：热带干旱森林、次生林、亚马孙热带雨林、大西洋沿海森林、热带常绿的森林和森林草原地区。

繁殖 一妻多夫制或一夫多妻制，雄性用叫声及气味吸引雌性关注并和其他雄性争斗。全年均可繁殖。幼仔胎生，妊娠期98～120天，每胎1～2只，出生后8周断奶，哺乳期由雌性喂养，4个月后独立生活，雄性550天后性成熟，雌性则需820天。

憨态可掬，小巧可爱
头可以180°旋转，舌头长达13厘米，可以摘果实或舔舐花蜜
触觉及嗅觉灵敏，但视觉差，不能分辨颜色，通过腺体分泌的气味来进行领土标记及留下信息

别名：卷尾猫熊 | 分布：墨西哥、中美、南美北部 | 濒危状态：LC

浣熊

熊狸

熊狸又名熊灵猫，为灵猫科下第二大物种，貌似小黑熊，故得名。它有9个亚种，中国熊狸数量不足200只，高度濒危。

形态 熊狸是中国最大的一种灵猫科动物，雌性比雄性大20%，体长70～80厘米，重8～13千克，四肢粗壮，5指（趾）有尖锐的爪。头、眼周、前额及下颏部呈暗灰色，犬齿不发达，切齿不如其他食肉类那么特化，唇旁长着白色长须，耳端具长达5厘米的簇毛，明显超过耳尖，形成长而尖的黑色簇毛，耳缘的毛较短，白色。体毛黑色，杂有浅棕黄色，毛尖为棕黄或棕灰色，尾色与背色相似。

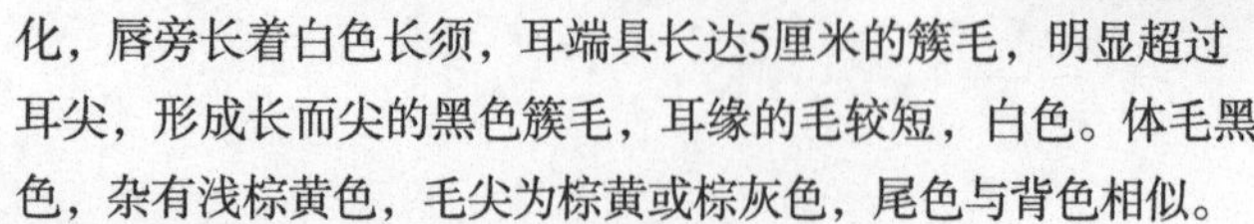

用位于尾部的嗅腺在树上蹭擦来标记领土，与同类进行嗅觉交流，在树上爬的时候，会留下一道道的嗅痕

习性 **活动**：夜行性动物，晨昏活动频繁，有时亦在上午活动。常年生活在树上，为典型的树栖动物。**取食**：杂食性，以植物花果（特别是榕树的果实）、鸟卵、小鸟及小型兽类为食，有时也游泳和潜水去获取食物。**栖境**：亚洲南部的热带雨林和季雨林，海拔不超过800米，多在树上活动，也居住在次生低地森林和草原上。

繁殖 每年2～3月发情交配，雌兽孕期2～3个月，一般5月中下旬产仔，每胎产2～4仔，以2仔居多，幼兽2岁性成熟。寿命10～15年。

后肢往后弯曲使头朝下爬下树

尖锐的爪及能抓能缠的尾巴使其在高大树上攀爬自如，能在树枝间跳跃攀爬寻找食物，同时利用尾巴缠绕树枝协助维持平衡

别名：貉獾、熊灵猫 | 分布：东亚、南亚、东南亚 | 濒危状态：VU

马岛獴 科属：灵猫科，隐肛狸属 | 学名：*Cryptoprocta ferox* B. | 英文名：Fossa

马岛獴

马岛獴是灵猫科体型最大的成员之一，为马达加斯加最大的掠食动物。外表特别像猫，跟果子狸比较接近，常被称作“隐肛狸”或“隐灵猫”。

使用声音、气味和视觉信号彼此交流

形态 马岛獴神似迷你版的美洲狮，具猫鼬一般的头部，嘴部像狗，耳朵大而圆，身体矮壮结实，成年个体体长70～80厘米，肩高37厘米，体重5.5～8.6千克，雄性明显大于雌性。腿不长但很强壮，跑起来很快，膝关节和爪子极其灵活，可以伸缩，辅助它在树头爬上爬下。尾巴长可达80厘米。体毛比较短，泛着棕红色光泽。触觉灵敏，胡须长度和头骨长度相当。

习性 **活动**：喜欢早上活动，像松鼠一样在树木间跳跃。在巢穴周围26千米范围内觅食和出没。**取食**：主食为狐猴，擅长捕捉各种小型哺乳动物。此外，鸟类、爬行类、两栖类和昆虫都是它的食物。**栖境**：树栖性，爬树技术高超，行踪神秘。

繁殖 雌雄在繁殖季节通过特殊气味相互联系。9～10月份交配，妊娠期90天，每胎2～4只幼仔；幼体只有约100克，眼睛紧闭，15天后睁眼，4个月后随处跑动，15～20个月离开母亲。4岁时性成熟，最长大约能活20年。

生活在马达加斯加的热带雨林，数量减少的原因主要是人类活动造成了生态破坏（马达加斯加岛90%的森林已遭破坏），由于食物链的断裂，它们找不到食物，便去人们生活的场所偷鸡而被大肆屠杀，从而引发其分布呈现严重的片段化，总数不超过2500只

别名：隐肛狸、隐灵猫、马岛灵猫 | 分布：仅存于马达加斯加 | 濒危状态：EN

薮猫 | 科属：猫科，薮猫属 | 学名：*Leptailurus serval* S. | 英文名：Serval

薮猫

用尖叫声、咆哮声和呼噜声进行交流

薮猫依据地理位置分为19个亚种，体形像小型猎豹，修长，远远望去它移动起来的样子仿佛豹子在觅食游走。

形态 薮猫是猫科动物的中型成员，雄性比雌性个体大，雄性体重9～18千克，雌性7～12千克。四肢和耳朵较长。耳背黑色，中有一条白纹间隔，皮毛黄色具黑斑，皮毛上的黑斑和条纹在不同个体中有大小和位置的差异，腹面及靠近嘴部区域呈白色。两耳间的头顶有纵向条纹，一直延伸到背部。尾部有环纹，尾尖黑色。

习性 **活动**：黄昏至次日黎明最活跃，中午或偶尔夜间休息，有时会白天觅食，尤其阴天和天气变冷时，旱季会减少活动。善藏于高草丛后，**取食**：食物中绝大多数是啮齿类的鼠、鼩鼱等，还吃鸟类、昆虫、青蛙、蜥蜴等，偶尔潜水捕鱼，极少食腐肉。**栖境**：各类大草原，常见于芦苇丛、沼泽地，偶尔出现在林缘和森林空地。

繁殖 一夫多妻制，春季发情，持续1天，利用土豚洞穴繁殖。妊娠期10~11周，每胎2~3仔，偶有1或5仔。出生时幼仔约250克，9天后睁眼，4周后可吃固体食物。哺乳期4~7个月，由母猫抚育一年，18~24个月时性成熟。平均寿命10年，最长寿者23年。

修长的颈部和四肢可使它在高草丛中将头抬得很高，一旦发现猎物，可以跳出很远，用前爪抓住猎物

别名：非洲薮猫 | 分布：广布于撒哈拉以南的非洲地区 | 濒危状态：LC

亚洲金猫

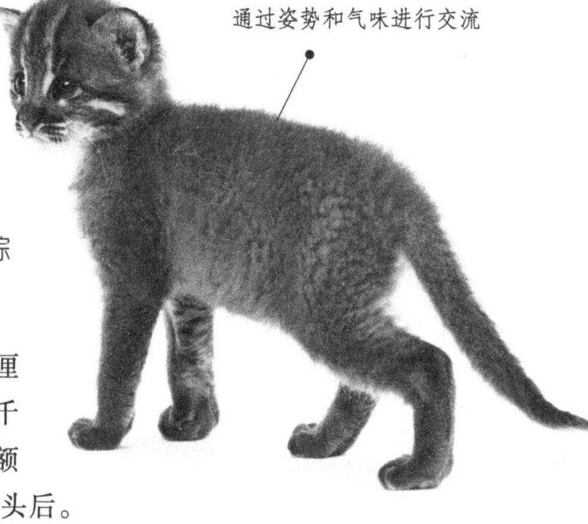

亚洲金猫又称金猫或滕明克氏猫，为一种中型野生猫类，包括3个亚种，分布于喜马拉雅山脉、东南亚及苏门答腊岛和中国东南部和西南部。它身形矫健，行踪诡秘，是一种野外不常见的种类。

形态 亚洲金猫成年个体体长90厘米，尾长50厘米，体重12～16千克。头部两眼内各有一条白纹，额部具有黑边的灰色纵纹，延伸至头后。体毛为棕红或金褐色，也有一些为灰色或黑色，通常斑点只在下腹部和腿部出现，我国现存一带斑点的变种，与豹猫十分相似。

习性 **活动**：群居，多在白天和黄昏活动，雌雄个体活动范围差别较大，雄性可活动范围达47.7千米，雌性为32.6千米，活动时行踪比较诡秘，喜欢在地面上捕食，也能攀爬到高处。**取食**：以鸟类、蜥蜴、啮齿类及其他小型哺乳动物为食，有时也捕捉幼鹿，偶尔会成对地捕捉较大的动物。**栖境**：山岩之间的森林中，在落叶林、亚热带常绿阔叶林及热带雨林里，偶尔也出现在相对开阔的地带。

繁殖 雌性18～24个月性成熟，雄性24个月，发情期39天，妊娠期78～80天，每胎产1～3只幼仔。幼猫多产在树洞、岩穴等隐秘处，体重220～250克，6～12天睁开眼睛。圈养条件下寿命可达20年，野外种群的平均寿命要短得多。

野外数量极少，除了森林砍伐等原因以外，人类贪得无厌的滥捕也是造成数量急剧下降的原因；在我国，野生数量在3000～5000只，目前已被列入二级保护野生动物名单

别名：金猫、滕明克氏猫 | 分布：亚洲东部和南部 | 濒危状态：NT

兔狲 | 科属：猫科，兔狲属 | 学名：*Otocolobus manul* P. | 英文名：Pallas's cat

兔狲

瞳孔为淡绿色，收缩时呈圆形，但上下方有小裂隙，呈圆纺锤形

兔狲体型粗短，大小及叫声均与家猫相仿，面容像猫头鹰。根据其生存地点差异可分为指名亚种、西亚亚种和高原亚种三种。

形态 兔狲体长50～65厘米，体重约2千克，体型短而粗壮，额部宽。吻部很短，耳短宽，耳尖圆钝。全身被毛密而软，绒毛较厚。颈下方和前肢之间浅褐色，四肢颜色较背部稍淡，背中线棕黑色，体后部有较多黑色细条纹。尾巴粗圆，长20～30厘米。脚短，臀部较肥厚。

头部灰色，带有一些黑斑，眼内角白色，颊部有两个细黑纹，下颏黄白色

习性 **活动**：夜行性，晨昏活动频繁，黄昏开始活动和猎食。冬季食物缺乏时白天也出来觅食，有时移居村落附近。**取食**：以鼠类为食，也吃野兔、鼠兔、沙鸡、旱獭等。**栖境**：灌丛草原、荒漠草原、荒漠与戈壁，亦生活在林中、丘陵及山地，在岩石缝或石洞中居住，可达海拔4500米。

繁殖 每年早春时发情，持续26～42小时，妊娠期66～75天，4～5月产仔，每胎3～4只，最多可产6只，幼体出生时体重约90克，4～5个月长满被毛，6个月后开始独立生活，野外寿命约11年。

视觉和听觉发达，可迅速逃窜或隐蔽来逃避敌害
我国种群数量难以估计，西藏现存数量为2000～2500只

别名：洋猞猁、乌伦、玛瑙、玛瑙勒 | 分布：中亚草原地区 | 濒危状态：NT

金钱豹 | 科属：猫科，豹属 | 学名：*Panthera pardus* L. | 英文名：Leopard

金钱豹

数量锐减，濒临灭绝，属国家一级保护动物

金钱豹有非洲豹、远东豹、阿拉伯豹、印第安豹、印支豹、爪哇豹、华北豹、波斯豹、斯里兰卡豹9个亚种。我国的华南豹、东北豹分别对应印支豹、远东豹，华北豹又被称为中国豹，云南西双版纳可能还有印支豹。东北豹见于黑龙江省的大、小兴安岭和吉林东部山区，向东延伸至俄罗斯沿海区和朝鲜北部，是世界上最稀有的豹亚种。它全身鲜亮，毛色棕黄，周身遍布黑色和环形古钱状斑纹，故名“金钱豹”。由于它全身遍布花斑，又得名“花豹”。另有一种黑化型个体通体暗黑褐色，细观仍见圆形斑，常被称为“墨豹”。

形态 金钱豹体型与虎相似，体长1.5 ~ 2.2米，尾长超过体长之半，背部颜色较深，腹部为乳白色。头圆、耳短、四肢强健，行动敏捷，奔跑速度极快，爪锐利且伸缩性强。雌雄个体体重相异，成年雌性体重约70千克，雄性可达90千克。

习性 **活动**：生性凶猛、机警，营独居夜行生活，凌晨、傍晚或夜间出没。**取食**：青羊（斑羚）、马鹿、野猪，也会捕猎灵猫、雀鸟等为食。**栖境**：多种多样，低山、丘陵、森林、灌丛均有分布，巢穴隐蔽且固定。

繁殖 冬末春初繁殖，通常3 ~ 4月份发情交配，孕期约3个月，每胎2 ~ 3仔，出生时幼体500克左右，幼豹于下一年5~6月离开母豹独立生活，约3年性成熟。

在密林掩护下潜近猎物，突袭猎物的颈部或口鼻部，令其窒息，常于树上取食猎物，以防老虎等食肉动物抢夺

别名：花豹 | 分布：东南亚、中东、非洲，我国除台湾、海南、新疆见于各省 | 濒危状态：NT

美洲豹 | 科属：猫科，豹属 | 学名：*Panthera onca* L. | 英文名：Jaguar

美洲豹

美洲豹依据分布地点差异分为8个亚种。它全身鲜亮，身上遍布花纹，体型与老虎相仿，常被称为“美洲虎”，是继老虎和狮子之后第三大猫科动物。

体能极强，视觉和嗅觉灵敏，喜爱游泳，爱独行，是潜伏突袭的好猎手

形态 美洲豹成年个体体长182～285厘米，尾长60～90厘米，体重70～160千克。脸宽，眼窝内侧有瘤状突起，前胸较粗，身体肥厚，肌肉丰满，四肢粗短。身上毛色同豹差不多，全身呈金黄色至橘黄色，毛色间花纹美丽，为较大圆形黑色环圈，而圆环中还有一至数个黑色斑点，也有少数黑色或白色的变种。

习性 **活动**：黄昏和黎明时出没，也于白天捕食。**取食**：南美洲食物链顶端，食物包括鱼、树懒、水豚、鹿、刺鼠、野猪、巨骨舌鱼、食蚁兽、猴类、淡水龟、鳄鱼等，也捕食体型较大的森蚺等。**栖境**：树木茂密的热带雨林和沼泽地区及其附近的灌木丛和热带稀树草原地区，在高山、平原也有分布，栖息地往往靠近水源。

繁殖 无固定繁殖期，初春时发情交配，雌豹需两年以上才繁殖一次，妊娠期93～105天，每胎2～4仔，2周后睁眼，3个月后断奶，6周后随母亲外出狩猎，一年半后离开雌兽独立生活，雌性2岁性成熟，雄性需3～4岁。野外寿命为12～15年，圈养环境下可长达23年。

生性凶猛、咬力惊人，喜欢咆哮，会发出多种叫声表达情绪

偷猎和走私活动一直未得到有效制止，目前美洲豹的野外数量急剧减少

别名：美洲虎 | 分布：墨西哥至中美洲，南至巴拉圭及阿根廷北部 | 濒危状态：NT

苏门答腊虎 科属：猫科，豹属 | 学名：*Panthera tigris sumatrae* P. | 英文名：Sumatran tiger

苏门答腊虎

苏门答腊虎是现存老虎亚种中最小的一种，身上黑色条纹多而密，且是所有老虎中皮毛最暗的一种，目前已极度濒危——由于人类的捕杀和对栖息地的毁灭性开采，种群数量受到极大威胁，数目逐年减少。根据印尼林业部门和自然保护协会的统计，目前苏门答腊虎约有800只，其中400只左右分布在苏门答腊的5个国家公园里。针对苏门答腊虎的现状，现在采取的保护措施主要有设立保护区和人工圈养两种。

捕食时的主要方式为潜伏突袭猎物

形态 苏门答腊虎雌雄个体差异显著，雄性体长2.2～2.55米，体重为100～140千克；雌性体长为2.15～2.3米，体重为75～110千克。脸部周围的颊毛较长，胡须和鬃毛长而浓密，全身鹅黄色，遍布狭窄的黑色条纹，条纹呈一对对排列，前腿也有条纹。

习性 **活动**：活动范围依据猎物密度与栖所面积大小不同而有所差异，分布密度为平均100平方千米有5只苏门答腊虎出没。**取食**：主要食物为水鹿、野猪、豪猪、鳄鱼、幼犀和幼象等。**栖境**：苏门答腊群岛范围内的热带雨林。

繁殖 一年四季均可繁殖，主要在冬末春初，妊娠期约103天，每胎生2～4只幼仔，幼仔刚出生时不睁眼睛，体质脆弱，需要雌虎时刻保护，10天后睁眼，1～8周完全依靠母乳生活，哺乳期5～6个月，6个月后学习捕食技巧，2岁左右独立生活，4岁性成熟。野生状态寿命为15年，人工圈养下可活20年。

拥有老虎种类中最暗的皮毛，黑色条纹显著，一对对排列，条纹之间间隔小，前腿也有条纹

别名：不详 | 分布：苏门答腊岛 | 濒危状态：CR

孟加拉虎 | 科属：猫科，豹属 | 学名：*Panthera tigris tigris* L. | 英文名：Bengal tiger

孟加拉虎

孟加拉虎主要分布在印度，又得名“印度虎”。它是现存数量最多、分布最广的种类，因人类对其栖息地的破坏和捕杀，目前大量减少。加上虎鞭、虎骨、虎胆等中药材稀缺，许多人不顾各国政府的严令禁止铤而走险捕杀和贩卖它。世界保护联盟已将其列入极危动物。

比东北虎体型略小，更凶猛，是当之无愧的百兽之王

形态 孟加拉虎成年个体体长达3.2米，头体长约130厘米，尾巴长度超过总长度一半，雌雄虎体重差异较大，雄性体重为200~261千克，雌性为116~164千克。体毛短而稀疏，呈杏黄色，身上遍布黑色条纹，头部条纹较密，成年个体被毛多以棕色或白色为底，中间夹杂黑色条纹，也有少量白底黑纹的白虎，年龄较长的个体颊部也往往生有鬃毛，腹部呈白色。

习性 **活动**：在印度孙德尔本斯三角洲的红树林里出没，偶尔在其他地区的雨林和草原里出没。**取食**：夜间捕食，取食猎物主要是野鹿和野牛。**栖境**：领地大小与猎物丰富程度相关，从十几至上百平方千米不等。

繁殖 无固定繁殖季节，妊娠期100~106天，每胎2~4仔，幼体由雌虎繁育，3~4岁性成熟，自然状态下寿命约20年。

会用牙齿瞄准猎物咽喉，扑过去用强大的咬劲咬断小猎物的颈椎，大型猎物也会被咬窒息

别名：不丹虎 | 分布：印度、孟加拉国、尼泊尔、不丹、中国、缅甸 | 濒危状态：EN

华南虎 | 科属：猫科，豹属 | 学名：*Panthera tigris amoyensis* H. | 英文名：South China tiger

华南虎

华南虎亦称“中国虎”，为我国特有虎亚种，为国家一级保护动物，红色名录极度濒危，而且野外已经灭绝。针对华南虎的现状，目前对华南虎的繁育最主要的举措为人工繁殖。

在亚种老虎中体型较小，四肢粗大有力，尾较长

形态 华南虎雌雄个体差异较大，成年雄性个体体长230～265厘米，体重130～175千克，雌性体长220～240厘米，体重110～115千克，尾巴长度通常不超过其体长的一半。头圆耳短，头部骨骼长宽比值大，四肢粗大有力，体型修长，腹部细，毛较短，全身橙黄色，遍布短而窄的黑色条纹，胸腹部夹杂较多的白色条纹。

习性 **活动**：凶猛敏捷，活跃好动。单独生活，不成群，多在夜间活动，嗅觉发达，行动敏捷。善于游泳，但不善于爬树。**取食**：猎食大型有蹄类动物，经常猎杀野猪，偶尔也猎杀鹿麂等，人类侵占其栖息地后，偶尔也会捕食家畜。**栖境**：栖息于中国南方的森林山地中。

繁殖 四季均可交配，11月末至翌年4月中旬最常见；妊娠期约103天，每胎2～3仔，偶尔也产4仔；幼仔出生时不睁眼，体重780～1600克，在母亲身边生活8个月，6个月开始学习狩猎，1～1.5岁独自生活，雌性4岁达到性成熟，雄性5岁。圈养条件下寿命为22～24岁。

头圆，耳短

被毛上有既短又窄的条纹，条纹的间距较孟加拉虎、西伯利亚虎的大，体侧还常出现菱形纹

别名：中国虎、南中国虎 | 分布：中国华中、华东、华南及西南地区 | 濒危状态：EW

东北虎 | 科属：猫科，豹属 | 学名：*Panthera tigris altaica* T. | 英文名：Siberian tiger

东北虎

牙齿强大，通常为30个，分门齿、犬齿、前臼齿和臼齿；犬齿粗大锋利，呈圆锥状，齿尖部略后弯

东北虎又称西伯利亚虎，为现存体重最大的猫科食肉动物。由于人类采伐森林，东北虎栖息地大量丧失，加之虎皮、虎骨的药用价值大，很多人铤而走险捕捉它，东北虎被迫分在了多片区域，不能进行交配，种群数量日益消减。为此，我国建立了保护区。

形态 东北虎雌雄个体差异较大，雄性体长约2.3米，体重约为250千克，雌性体长约为2米，体重约170千克。头大而圆，耳短圆。毛色艳丽，体毛随季节变化，夏季呈棕黄色，冬季为淡黄色；背部和体侧淡黄色，腹面白色，全身布满黑色条纹。

习性 **活动**：常黄昏活动，白天潜伏休息，除繁殖季节外独居。无固定巢穴，在山林间游荡寻食，活动范围可达数十千米。喜欢游泳。**取食**：捕食野猪、马鹿、水鹿、狍、麝、麂等有蹄类动物，亦捕食野禽；动物少的季节也采食浆果和捕捉昆虫。**栖境**：北方落叶阔叶林和针阔叶混交林，山脊、矮林灌丛和岩石较多的山区。

繁殖 全年均可交配，11月至翌年2月最常见，发情期较短，通常5～6天。交配期间发出响亮的鸣叫，妊娠期105～110天，每胎2～4仔，新生幼仔体重约1千克，哺乳期5～6个月，幼仔随母亲生活2～3年，在此期间母虎不再发情交配。雌虎3岁性成熟，雄虎需4～5年。寿命通常为20～25岁。

背部和体侧条纹横列且较窄，通常2条相互靠近，形似柳叶

雌雄个体尾长相仿，107～110厘米

前额上数条黑色横纹，中间常被串通，形状极似“王”字，因此又有森林之王之美称

别名：西伯利亚虎、满洲虎 | 分布：俄罗斯西伯利亚地区、朝鲜和中国东北 | 濒危状态：EN

猎豹

猎豹具有流线型的体型，跑起步来显得十分轻盈。加上脊椎骨十分柔软，无论站立还是奔跑，身体的轮廓都像一座青铜作品。它腿长，身体瘦，脊椎骨十分柔软，容易弯曲，像一根大弹簧一样，跑起来前肢和后肢都用力，身体也在奔跑中一起一伏；在急转弯时，大尾巴可以起到平衡作用，不至于摔倒。身体的特殊结构使得它奔速极快。

形态 猎豹体型纤细，腿长，头小。躯干长1~1.5米，尾长0.6~0.8米，肩高0.7~0.9米，体重20~80千克，雄猎豹略大于雌猎豹。背部淡黄色，腹部通常白色。耳朵短，瞳孔圆形。牙很锋利，但比其他大型猫科动物的牙小。后颈部的毛比较长，好像短鬃毛。全身都有黑色斑点，尾巴末端三分之一处有黑色环纹。

习性 **活动**：陆地上跑得最快的动物之一，时速可达120千米。生活规律，日出而作，日落而息。早晨五点钟前后外出觅食，行走时比较警觉，不时停下来东张西望，看有无猎物，并防止其他天敌。午间休息，午睡时每隔约6分钟起来查看一下周围环境有无危险。**食物**：肉食性，主要吃小型羚羊（瞪羚、跳羚）和鸵鸟，一次捕杀一只猎物。**栖境**：温带、热带草原，沙漠和稀树大草原。

繁殖 一夫一妻制。雌性妊娠期91~95天，一胎可生1~6只幼仔，通常2~4只。出生幼仔体重240~300克，2~3天后会爬，4~14天后睁开眼，21~28天后开始取食，两个月后断奶，雌性9~10个月性成熟，雄性14个月性成熟。野生寿命约为15岁。

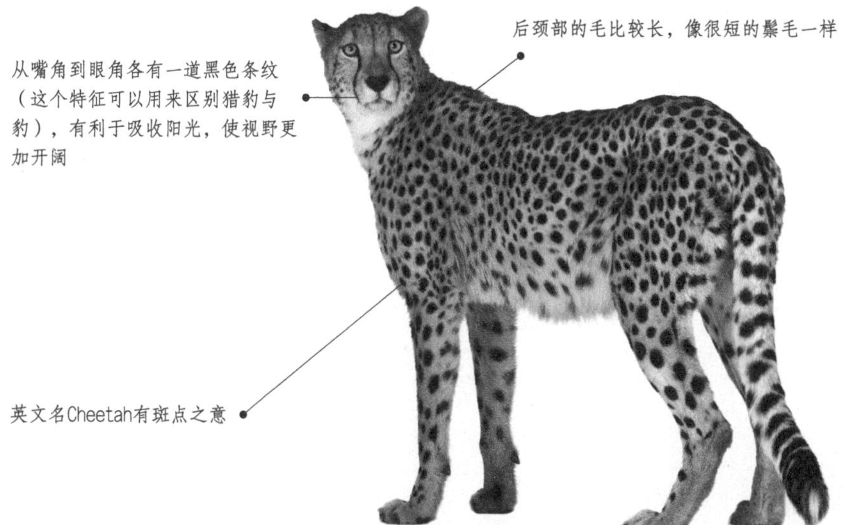
后颈部的毛比较长，像很短的鬃毛一样
从嘴角到眼角各有一道黑色条纹（这个特征可以用来区别猎豹与豹），有利于吸收阳光，使视野更加开阔
英文名Cheetah有斑点之意

别名：印度豹 | 分布：非洲和亚洲等地 | 濒危状态：VU

猎豹

雪豹 | 科属：猫科，豹属 | 学名：*Uncia uncial* J.C.D.S. | 英文名：Snow leopard

雪豹

雪豹分布于中亚高原，尤其是我国青藏高原及帕米尔高原。因毛皮珍贵而被捕杀，加之人工繁殖极其困难，数量急剧下降。中国的雪豹数量约占全世界的40%，位居第一。

尾尖能绕成圆形花结

行动神秘，被称为"雪山之王""山中幽灵"

形态 雪豹大小如豹，体长100～130厘米，尾长80~90厘米；体重30~50千克。头部比一般豹子小；眼睛虹膜呈黄绿色，瞳孔在强光下为圆形；耳朵小。身体粗壮，毛厚，细软浓密。足大且有被毛覆盖，指（趾）端具尖锐角质化硬爪。背部灰白色，沿脊背有三条由黑斑形成的线纹直至尾根；头部、体侧有不规则黑色斑点；颈下、胸部、腹部、四肢内侧及尾下均为白色。尾巴长而粗大，毛浓密蓬松。被毛一年换一次。

习性 **活动**：岩栖，机警、凶猛，行动灵敏，善跳跃；夜行性，昼伏夜出，晨昏时分捕食、活动，白天很少外出，偶尔会在裸露岩石上晒太阳。**取食**：肉食性；以山羊、岩羊、北山羊为食，也捕食高原兔、鼠类、雪鸡、马鸡以及家畜。进食周期为一周一次。**栖境**：高原地区的空旷多岩石地带，有固定巢穴，会在岩洞中或乱石凹、石缝里，偶尔在灌木林、碎石地上临时休息。

繁殖 多成对同居，冬末春初交配。发情期的夜间、清晨和傍晚常高叫。妊娠期约100天，4～6月产仔，每次产2~3只。雌性生育周期间隔约2年。幼体随成体生活18~22个月后独立，2~3岁性成熟。寿命10~15岁。

鼻端为肉色或黑色；上唇为白色略带小斑点

别名：草豹 | 分布：中亚，中国西藏、四川、新疆、青海、甘肃、宁夏、内蒙古等 | 濒危状态：EN

云豹

云豹虽然名字中有“豹”字，但不属于豹属，而属于独立的云豹属。种群因森林栖息地的不断减少和人类的捕杀而处于濒危状态，被列为中国国家一级保护动物。

经常趴伏在树上等候猎物经过，直接跃下捕食，或悄悄接近猎物，快速扑杀

形态 云豹体型介于豹和小型猫科动物之间，体长70~110厘米，尾巴长70~90厘米，高60~80厘米，体重20~30千克，雄性体型比雌性大。虹膜灰绿色或棕黄色，瞳孔呈黑色、纺锤形。犬齿长，双颌的张开度将近90°。四肢粗短矫健，后肢比前肢长；足掌宽大，指（趾）端有角质硬化形成的锋利硬爪。尾巴粗长，几乎与身体同长。口鼻部、眼周和胸腹部、四肢内侧为白色；额头、耳朵密布黑色斑点；眼角处有两条黑色条纹延伸到颈部。体色为暗灰色或土黄色，并覆盖有大块深色云状斑纹，斑纹中间呈暗黄色，周围边缘接近黑色。

习性 **活动**：善攀爬，昼伏夜出，树栖，白天趴在树上休息，晨昏或夜间外出活动觅食，偶尔白天外出觅食；领地性极强，除繁殖外独居，会通过挠抓树木、撒尿、刮蹭等来标记领地。**取食**：肉食性，拥有敏锐的嗅觉和听觉，主要捕食鸟类、鱼类、猴子、鹿、啮齿动物等，也捕食家畜。**栖境**：低海拔亚热带或热带山地、丘陵等常绿林，在次生林、红树林沼泽、草原、灌木丛中也能见到。

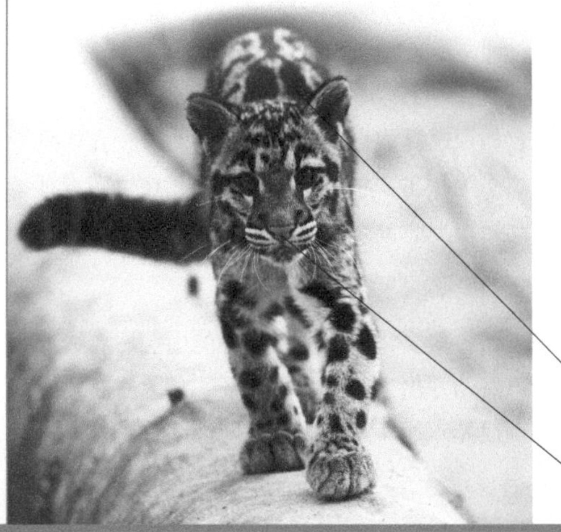

繁殖 每年冬季发情，持续约20~26天。妊娠期约90天，春夏季产仔，每胎可产2~4只，多数为两只。幼体出生时眼睛未张开，体重140~179克，哺乳期约2个月，10个月后幼体能独立生活，2~3年性成熟。寿命为11~15年。

背部有四条由黑色斑点组成的条纹，从颈部延伸到尾端

鼻尖为粉红色，有时带黑色斑点

别名：乌云豹 | 分布：印度、东南亚各国，中国台湾、四川、广西、云南、西藏 | 濒危状态：VU

猞猁 科属：猫科，猞猁属 | 学名：*Felis lynx* L. | 英文名：Eurasian lynx

猞猁

猞猁外形似猫而远大于猫，喜寒，是罗马尼亚的国兽。它耐饿性极强，可在一处静卧几天。中世纪它因为耳朵上有撮毛，被认为是魔鬼撒旦的象征，于是被广泛捕杀。至19世纪，种群已经在欧洲许多国家被赶尽杀绝，20世纪70年代，人们才意识到应恢复和保护它。

外形似猫，比猫大

形态 猞猁体型中等，体长80~130厘米，尾巴长16~20厘米；体重15~30千克；雄性比雌性略大。身体粗壮，四肢较长；尾巴粗短，尾端钝圆；足掌宽大，密布被毛。两耳直立，耳基宽，耳尖具黑色耸立簇毛；两颊有下垂白色长毛；虹膜黄色，瞳孔呈黑色、圆形。眼周白色。背部毛色夏季为红棕色，秋冬季节逐渐变成银灰色、土褐色，毛发也变得浓密，有深褐色或黑色等深斑纹。

习性 活动：独居，无固定巢穴；夜行性，白天躺在裸露岩石上晒太阳或在树下休息，晨昏外出活动觅食；善攀爬、游泳，耐饥性强；有极强的领地意识；遇到危险时会迅速躲避，有时躺在地上装死。**取食**：肉食性，主要捕食野兔，种群数量与野兔数量相关，还捕食松鼠、鸟类以及狍子和鹿的幼仔；食物匮乏时会袭击家畜；有藏食行为；捕食方式多为伏击。**栖境**：生性喜寒，在亚寒带针叶林、寒温带针阔混交林、高寒草甸、高寒草原、高寒灌丛草原及高寒荒漠与半荒漠等地均见，一般栖息在岩洞或石缝中。

繁殖 每年2~4月交配，雌性发情期4~7天，一般会将产窝选在幽静的山洞、石缝或树洞中；妊娠期约2个月，每胎产仔2~4只。幼仔出生时眼睛未睁开，12天左右才睁眼；5~6个月离开巢穴独自生活，2~3年性成熟。成年雌性的繁殖间隔约10个月。寿命为12~15年。

别名：欧亚猞猁 | 分布：北美、欧亚北部，中国新疆、西藏、青海、甘肃、内蒙古、河北 | 濒危状态：LC

美洲狮

美洲狮是美洲最大的金猫属动物，有32个亚种，体型和分布地区略有不同。历史上，由于它的行动诡秘，常令人们深深恐惧、敬畏和充满好奇心，送给它山狮、红虎、银狮、紫豹，甚至印第安魔鬼、猫王等数不清的别名。

形态 美洲狮体型大，是最大的美洲金猫属动物；体长124~160厘米，尾长61~95厘米，整体长150~255厘米；肩高60~90厘米；雄性体型略大，体重53~100千克，雌性体重29~64千克。头部略小，吻部短，耳朵直立；上下唇均为白色；犬齿及裂齿极发达。躯体均匀，四肢中长；前掌宽大，前肢各5指，后肢各4趾；爪锋利，可伸缩；尾较粗长。被毛柔软，全身为单一灰色、红棕色或红色，无斑纹；腹部白色。

习性 **活动**：独居，喜欢树栖；白天在树上或岩石上休息，晨昏时最活跃；领地意识强，常在岩石上蹭来蹭去给领地作标记；善于游泳、奔跑、攀爬，跳跃能力极强。**取食**：主要捕食鹿类，如白尾鹿、黑尾鹿、马鹿、马驼鹿等，占到食物比例的70%；也捕食水獭、犰狳、西貒、火鸡、鱼、昆虫、豪猪、臭鼬、蝙蝠、蛙、树懒、貘、野鸭等，亦捕食家畜甚至袭击人类。**栖境**：森林、丛林、丘陵、草原、半沙漠和高山等多种生境，喜欢隐蔽、安静的环境，常栖息在山谷丛林中。

繁殖 独居，通常母子结群生活。每年发情期聚在一起，繁殖季节不固定，多在春末夏初。雌性发情期约7天，妊娠期约90天，每胎产幼仔1~6只；雌性会在山洞或隐蔽处生产。幼仔出生后约两周睁眼，2岁时能独立生活，2~3岁性成熟。雌性繁殖周期为2~3年。寿命15~20年。

鼻端为粉色，眼内侧和鼻梁骨两侧有明显的泪槽

别名：山狮、美洲金猫、扑马 | 分布：美洲 | 濒危状态：EN

美洲狮

非洲狮 ▶ 科属：猫科，豹属 | 学名：*Panthera leo* L. | 英文名：Lion

非洲狮

非洲狮为现存非洲最大的猫科动物，依据其分布地点差异可分为巴巴里狮、波斯狮、努比亚狮、刚果狮、东非狮、克鲁格狮、开普狮、加丹加狮和西非狮9种，其中开普狮于1865年灭绝，巴巴里狮在1922年灭绝，其余各狮子种群也受到人为破坏的威胁。

在草原上凶猛彪悍，令许多动物望而生畏，因而有“草原之王”之美誉

形态 非洲狮雄性较雌性大，雄性长170～250厘米，雌性个体长140～175厘米，体重约180～350千克。头大脸圆，鼻子黑色，鼻骨较长，耳朵又短又圆，四肢强壮，爪子较宽。身体毛色主要为浅黄棕色，也会夹杂淡黄色、红色、棕色或暗赭色，尾部颜色较深。也有因遗传形成的白狮子。与雌性相比，雄性最显著的特征是具有鬃毛。

习性 **活动**：群体生活，白天黑夜均可捕食，夜间成功率更高，雌狮捕猎时彼此协作，雄狮守卫家园。**取食**：捕食眼前可见猎物，诸如野牛、羚羊、斑马、非洲水牛、幼象、长颈鹿、非洲象、尼罗鳄、河马、犀牛等，遇上小型哺乳动物、鸟类等也不会放过，食物缺乏时也会吃腐肉和野果。**栖境**：非洲稀树草原和半沙漠地带。

繁殖 全年均可生育，平均妊娠期为110天，每胎可产1～4只幼仔；幼仔出生时不睁眼睛，1周后眼睛慢慢睁开，3周后可直立行走。6个月后断奶，雌狮学习捕食，雄狮继续喂养至两岁后赶出狮群。寿命为10～15年。

▶ 别名：草原之王 | 分布：主要在非洲草原及半沙漠地带 | 濒危状态：NT

灰狼

除常见的黄灰色外，还有纯黑、纯白、棕色、褐色、沙色等体色

灰狼是现存犬科中体型最大的动物，体型大小与所处地区有很大关系，一般所处纬度越高体型越大，北美灰狼的平均体重为36千克，而非洲灰狼仅有16千克，而且低纬度地区体毛短而稀，高纬度地区体毛长而浓密。

形态 灰狼体长105~160厘米，平均肩高66~85厘米；雄性体重20~70千克，雌性体重16~50千克。吻部长而尖；口较为宽阔；两耳尖且垂直竖立；犬齿及裂齿发达，牙齿锋利。体型匀称，四肢修长强健，指（趾）行性，脚掌具有膨大肉垫；爪粗而钝，不能伸缩或略能伸缩。尾巴短粗，毛多且蓬松。体表为黄灰色，背部毛基色为棕色，并有深棕色、黄色、乳白色等杂毛；尾部以黑色较多；腹部、胸部、四肢内侧为乳白色。

习性 **活动**：群居，有很强的社会等级关系；夜行性，白天多在洞中蜷卧，在人烟稀少地区白天也出来活动，夜晚觅食常在空旷山林中发出叫声；有极强的耐饿性，善于游泳。**取食**：肉食性，狼群一起捕杀猎物，伏击、跟随、围攻、追逐等；捕杀到猎物后头狼先吃，再按社群等级依次进食；猎物包括鹿、狍子、野牛、鱼、蟹、松鼠、兔子、海狸等；偶尔会吃植物，食物匮乏时会攻击人畜。**栖境**：十分广泛，草原、荒漠、丘陵、山地、森林以及冻土带等都可以栖息；善于挖洞而居，常利用水源附近的小坑、岩洞、石缝、树洞等作为固定使用的巢穴。

繁殖 每年1~3月交配，妊娠期为61~75天；3~6月产仔，每胎产4~7只，最多可达12只。幼仔出生时闭眼，没有听觉，12天左右睁眼；2~3岁性成熟，3~4岁时交配繁殖。幼体成年后会被头狼赶出种群，独自生活。雌性繁殖周期为2~3年。寿命为15~20年。

别名：狼 | 分布：除南极洲和部分海岛外，全世界均见，我国大部均见 | 濒危状态：LC

亚洲胡狼

亚洲胡狼通体光滑、毛色金光闪亮。在中东和亚洲传说中，它常成为骗子的代名词，在欧洲则被描述为污秽的清道夫，暗示它的存在代表了环境的恶化。

形态 亚洲胡狼是一种小型豺狼，外观与灰狼相似，体长71～85厘米，重约14千克，雄性比雌性略大。亚洲胡狼额头不如狼那么突出，口吻窄而尖，犬齿大而强，裂齿较弱。身体小而轻，尾端刚达脚跟，毛细长光滑，毛色随季节和气候变化，由淡乳黄色至黄褐色不等，旱季颜色较浅，雨季颜色深，偶尔也因基因变异产生白化个体。

习性 **活动**：嗅觉灵敏，听觉发达，行动迅速敏捷；行为像家犬，喜欢挖洞和嗥叫。**取食**：食物中54%为肉食，46%为植物。喜欢捕食鸟类、小型哺乳动物、两栖动物、爬行动物、鱼类、蛋及昆虫。有时潜入农家，偷食甘蔗、玉米、西瓜等，也会攻击绵羊和羊羔。**栖境**：干燥空旷的地区、稀树草原、沙漠和干旱的草原。

繁殖 一夫一妻制，发情于1月下旬至2月上旬，求偶持续26～28天；妊娠期约63天，每胎产1～9只幼仔，通常2～4只；幼仔出生8天后睁眼，13天后耳朵竖起，一个月内长到560～726克，3个月后吃固体食物，哺乳期4个月，11个月性成熟。野生亚洲胡狼寿命约8年，饲养状态可存活16年。

别名：亚洲豺 | 分布：欧洲东南部和中部、亚洲东西部和印度 | 濒危状态：LC

郊狼

用嗥叫和气味传达信息

会挖洞，更喜欢不劳而获占据土拨鼠和美洲獾等的洞穴

郊狼是美洲分布最广的一种犬科动物，有19个亚种。它机智灵活，适应能力极强，森林、沼泽、草原，甚至牧场庄园都能看到其身影。它比其他狼小得多，被称为“北美小狼”。

形态 郊狼平均体长1～1.35米，雄性比雌性略大，雄性平均体重8～20千克，雌性7～18千克，尾长约为体长的一半。头腭尖，颜面长，鼻突出，耳尖且直立，体型匀称，四肢修长。头部毛色为浅灰色、红色或黄褐色，喉头和腹部颜色较浅，背部毛色较深，有时呈黑色，具黄色的腿脚和灰白相间的下体。

习性 **活动**：喜群居，常追逐猎食。主要夜行，白天也活动，会游泳，但不善于攀登。**取食**：食物主要为野牛、鹿、麋鹿、羊、兔、鼠类、鸟类、蜥蜴、蛇、甲壳类、昆虫等，也采食黑莓、蓝莓、桃子、苹果、梨、仙人掌果等。**栖境**：草原、荒漠、丘陵、山地、森林以及冻土带。

繁殖 一夫一妻制，每年发情1次，雄狼求偶交配前2～3个月会有生精期，通常1～3月下旬交配，妊娠期63天，每胎2～12仔，平均6仔。幼仔10天睁眼，20天后走出洞穴，35天学习捕食，6～9个月自己谋生。12个月性成熟，平均寿命为6～10年。

别名：丛林狼、草原狼、北美小狼 | 分布：北美 | 濒危状态：LC

郊狼

澳洲野犬 | 科属：犬科，犬属 | 学名：*Canis lupus dingo* M. | 英文名：Dingo

澳洲野犬

肩高40～65厘米，尾毛浓密，比其他野狗更接近狼

通过嚎叫、气味标记和肢体语言进行信息传递

澳洲野犬又称澳大利亚野狗，起源于东亚和南亚驯养的半家养狗，在澳大利亚又回到了野生状态。分类学上认为它是狼的后裔。

形态 澳洲野犬雄性比雌性高大，体长80～110厘米，雄性体重12～22千克，雌性11～17千克。头部较宽，耳直立，眼睛有黄色、橙色、棕色等，口鼻大而前伸，具较大的裂齿和犬齿，头骨较平坦。成年野狗毛短而柔软，毛色大多为沙质红棕色夹杂黑色、浅棕色或白色被毛，也有纯白色个体。

习性 **活动**：集群生活，每群3～12只，由一对个体领导，等级制度森严，选取10～20平方千米的地方作为领地，晨昏觅食，正午炎热时躲在阴凉处休息。**取食**：食源广泛，约有170种，野生状态80%的食物来源为红袋鼠、沼泽袋鼠、牛、大鼠、雀雁、刷尾负鼠、长毛鼠、袋鼠、欧洲兔子和袋熊等，很少取食非哺乳动物。**栖境**：热带森林、草原、沙漠、高原等，适应力非常强，有的也到村庄附近活动。

繁殖 每年繁殖1次，通常3～4月交配，亚洲种群多在8～9月，妊娠期约63天，每胎1～10仔，小犬由全体成员照料，3周可走出洞穴，2个月断奶，在3千米内觅食，3～4个月独立活动，1～3岁性成熟，平均寿命10年，圈养可达15年。

具森严的等级制度，每个群体只有具统治权的野犬才能繁殖后代，行为特征与原始犬类似

别名：澳洲野狗 | 分布：澳洲、泰国等 | 濒危状态：VU

蓝狐 | 科属：犬科，北极狐属 | 学名：*Vulpes lagopus* L. | 英文名：Arctic fox

蓝狐

蓝狐为狐狸的一个亚种，冰岛上唯一的陆地哺乳动物，因身体被毛具蓝灰色和白色两种，故被称为“蓝狐”或“白狐”，它又因生活在冰天雪地的北极地区而被称为“北极狐”和“雪狐狸”。

尾长25～30厘米

形态 蓝狐体型小巧，雌雄个体有略有差异。成年雄性长45～75厘米，重3.2～9.4千克；雌性体长55～75厘米，体重1.4～3.2千克。吻部尖，耳短而圆，但四肢短小，体态圆胖，被毛又长又厚，毛色随季节变化，主要有两种基色，一种冬季白色，其他季节颜色加深，另一种浅蓝色，毛色变化大，从浅黄色至深褐色不等。

习性 **活动**：多在加拿大北部森林和北极苔原地带出没，习惯极度严寒的环境，捕食能力较强。**取食**：杂食性，食源广泛，捕食旅鼠、田鼠、环斑海豹幼仔、鱼类、水禽和海鸟，也吃腐肉、浆果、海藻、昆虫和小型无脊椎动物。**栖境**：环极分布，多栖息于北极苔原和浮冰上，生活地海拔多在3000米左右。

繁殖 一夫一妻制，每年4～5月交配，妊娠期为52天。每胎通常可产5～8只幼仔，最多时候可产25只，幼仔出生3～4周即可走出巢穴，9周后断奶。

别名：北极狐、白狐、雪狐狸 | 分布：北冰洋沿岸各国 | 濒危状态：LC

赤狐 | 科属：犬科，狐属 | 学名：*Vulpes vulpes* L. | 英文名：Red fox

赤狐

赤狐是狐属中体型最大的，也是最常见的，它尾部有皮脂腺，散发出奇怪的臭味，称之为“狐臭”。

有的个体毛色产生变异，如全黑的黑狐、全身黑色但尾尖为白色的玄狐、全身赤褐色且背部有黑色十字斑纹的十字狐等

形态 赤狐体长45~90厘米，肩高35~50厘米，尾长20~40厘米，体重2.2~14千克，雌性一般比雄性小。体型纤细；耳大且尖，高高直立；额骨前部平坦；吻尖而长，鼻骨细长；犬齿细长；四肢较短；足掌有浓密的短毛；尾巴粗大，覆毛长且蓬松；体毛长，冬季长毛下面会长出细密的绒毛。耳背上半部分呈黑色；尾部呈红褐色带黑、黄或灰色细斑，尾梢为白色；体表颜色因季节和地域不同有很大差异，背部多为红棕色或棕黄色，毛尖为灰白色；四肢外侧及吻部为黑色；喉咙、胸部及腹部为白色或乳白色。幼体为灰褐色。

习性 **活动**：听觉、嗅觉发达，行动敏捷；喜独居，夜间外出活动觅食，白天隐藏在洞穴中，但在人烟稀少处白天活动也很频繁。**取食**：杂食性，以草地田鼠、松鼠、兔鼠类为食，也吃野禽、蛙、鱼、昆虫等，还吃野果和农作物；有“杀过行为”。**栖境**：森林、草原、荒漠、高山、丘陵、平原及村庄附近及城郊均见，将巢穴建在向阳山坡的大石缝或土质松软处，有时也栖息在其他动物的弃穴中。

繁殖 每年12月到翌年2月为发情期，持续约3周，雄性为争夺交配权会激烈争斗，交配过程持续约1小时。雌性孕期49~58天，3~4月产仔，每胎产5~6只，最多可达13只。雌雄成体共同抚育后代；幼体出生时体重为60~90克，14~18天睁眼，整个哺乳期约45天，9~10个月性成熟可独立生活。寿命为12~14年。

受到威胁时会用尾腺释放出“狐臭”令其他动物感到窒息；有时会装死，待敌方放松警惕时迅速逃走

悄悄靠近猎物突击捕食，也会装死引诱猎物

别名：红狐 | 分布：北美洲、欧亚、大洋洲、北非，中国大部分省份 | 濒危状态：LC

沙狐

沙狐包括指名亚种、高加索亚种和土库曼亚种，第一种分布在哈萨克斯坦北部、西伯利亚南部，第二种在乌兹别克斯坦北部高加索地区，第三种在乌兹别克斯坦南部、土库曼斯坦、中国、蒙古及周边地区。它被称为狐属中最单纯的种类，为北部草原上一种体型中等的类群，备受世界自然保护联盟（IUCN）关注。

形态 沙狐体型中等，比赤狐略小，头体长50～65厘米，尾长19～35厘米，体重2～3千克，耳大而尖，耳基宽阔，四肢较短。全身遍布灰色至浅黄色的被毛，嘴、下巴和喉咙呈灰白至苍白色，冬季被毛为秸秆灰色，厚而柔滑。

习性 **活动**：群体生活，白天非常活跃，善跳跃攀爬，无固定住所，冬季觅食困难会向南迁徙。**取食**：肉食性，主要吃昆虫和小型啮齿类动物，如田鼠、沙鼠、仓鼠和松鼠，也捕食野兔和鼠兔，偶尔吃腐肉和人类垃圾，食物稀缺时也吃水果和其他植被。**栖境**：远离农田、森林和灌木丛的干草原、沙漠与半荒漠地带。

繁殖 一夫一妻制，1~3月交配。雄性会为得到雌性而争斗，妊娠期52～60天，春末夏初产仔，幼体重约60克，具蓬松、浅棕色被毛，出生时不睁眼，2周后才慢慢睁眼，4周后可吃肉并慢慢走出洞穴，9～10个月可达到性成熟，第二年即可进行交配繁殖，野生状态下寿命约9年。

毛色带有明显花白色调
听觉、视觉、嗅觉灵敏，四处流浪

别名：东沙狐、干草原狐 | 分布：中亚、俄罗斯、蒙古和中国东北部 | 濒危状态：LC

山狐 | 科属：犬科，伪狐属 | 学名：*Pseudalopex culpaeus* J.I.M. | 英文名：Culpeo

山狐

山狐是南美洲第二大犬科动物，体型仅次于鬃狼，外表很像赤狐。它有时会因捕食家畜而遭到人类的猎杀和毒杀，在某些地区已经近乎灭绝，但整体并未受到威胁。种群主要分布在安迪斯山脉，栖息地多样化，对于食物要求不高，有时会吃植物和腐肉；或许因为生活习性使然，数量较多，目前处于无危状态。

毛色会随着季节有所变化，在夏季毛色较浅，秋冬季节颜色略深

形态 山狐体长45~92厘米，尾长32~44厘米，体重5~13千克，雄性比雌性大。体型纤长；耳大且尖，高高直立，耳背上半部分呈黑色；额骨前部平缓；吻尖且长，鼻骨细长；虹膜呈红棕色，瞳孔圆形。四肢中长，指（趾）行性，足掌长有浓密短毛，爪子锋利；尾腺释放出奇特刺鼻的狐臭。鼻尖黑色，两颊下部、下巴、腹部、胸部白色；耳朵、脖子、腿外侧、体侧和头顶部黄褐色或红褐色；背部灰白色或浅棕色，毛尖黑色。尾巴粗长，毛长且蓬松；呈灰色，尾尖为黑色或白色。冬季体毛更加长且浓密，会长出细密绒毛。

习性 **活动**：喜独居，一般夜间外出活动觅食，白天在隐蔽处休息，在人烟稀少地区白天也活动频繁；听觉、嗅觉发达；生性狡猾，遇危险会装死欺骗敌人；活动敏捷，善于游泳。**取食**：机会捕食者，对食物不挑剔，主要捕食啮齿动物，也捕食鸟类，有时也吃鸟蛋、腐尸和植物甚至捕食家畜。**栖境**：平坦辽阔地区及落叶林，栖息在土穴、树洞或其他动物弃穴中，有时与獾同栖一洞；经常在朝阳山坡活动，栖息在岩石缝或山沟中。

繁殖 每年8月初~10月为繁殖期，雌性妊娠期55~60天，每胎产仔2~5只；在较隐蔽的洞穴或树洞中生产。幼仔刚出生时平均重约170克，眼睛没睁开，15天左右才能睁眼，2个月大时断奶，7个月后独立生活，12个月左右性成熟。

别名：寇巴俄狐 | 分布：阿根廷、玻利维亚、智利、厄瓜多尔和秘鲁 | 濒危状态：LC

阿根廷狐狼 | 科属：犬科，伪狐属 | 学名：*Lycalopex griseus* J.E.G. | 英文名：S.A gray fox

阿根廷狐狼

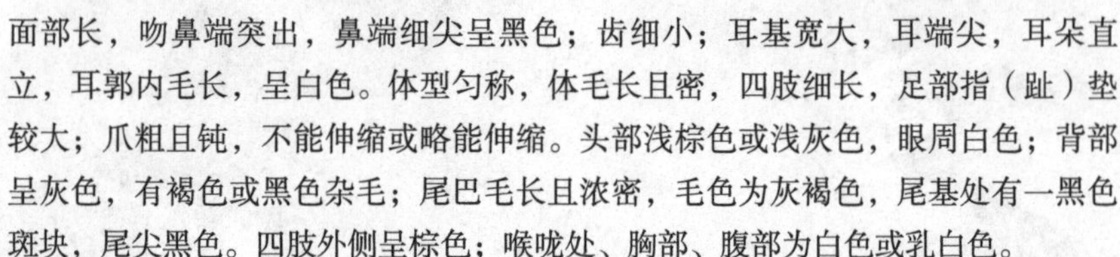

毛色在夏天更为鲜艳，冬季体毛长且密，并长出细密绒毛

在《小猎犬号之旅》中，达尔文记录了自己的观察：“我能够悄悄地从后方接近，用我的地质锤敲它的头。这种狐狸或许更珍稀更加有科学价值，不过跟它大体意义上的同胞们比起来却不太聪明，现在它们被安放在动物学会博物馆里。”阿根廷狐狼因皮毛需求而遭受大量猎杀，现在南美不少地方已消失。

形态 阿根廷狐狼体型较小，身长65~110厘米，肩高40~45厘米，体重2.5~5.5千克。头腭尖形，面部长，吻鼻端突出，鼻端细尖呈黑色；齿细小；耳基宽大，耳端尖，耳朵直立，耳郭内毛长，呈白色。体型匀称，体毛长且密，四肢细长，足部指（趾）垫较大；爪粗且钝，不能伸缩或略能伸缩。头部浅棕色或浅灰色，眼周白色；背部呈灰色，有褐色或黑色杂毛；尾巴毛长且浓密，毛色为灰褐色，尾基处有一黑色斑块，尾尖黑色。四肢外侧呈棕色；喉咙处、胸部、腹部为白色或乳白色。

习性 **活动**：独居，领地意识强，白天外出活动觅食，偶尔会到人类住所附近翻找垃圾中的食物；指（趾）趾行性，善于奔跑、攀爬；嗅觉灵敏，听觉发达。**取食**：杂食性，喜食小型哺乳动物、蜥蜴、青蛙、鸟类及鸟卵、昆虫、浆果、种子和腐肉，冬季食物匮乏时主要以腐肉为主，偶尔会捕食家禽、家畜。**栖境**：原始栖息地主要在安第斯山脉，树林、草原、山地、半荒漠、高寒地区，喜欢干燥、温暖环境。一般栖息在其他动物遗弃的洞穴中。

繁殖 一夫一妻制，每年3月繁殖；妊娠期为53~60天，雌性生产前会先找一个隐蔽洞穴用做产窝；幼仔夏季出生，每胎产仔2~6个，刚出生时眼睛紧闭，4~6周可以随同雌兽离开巢穴外出活动，1年左右性成熟。

别名：南美灰狐 | 分布：主要分布在智利、阿根廷 | 濒危状态：LC

印度豺

外形与狼、狗相似，体色因季
节和地域分布不同而有所不同

印度豺是豺的亚种之一，大小似犬而小于狼。豺既能抗寒也能耐热；喜群居，雄兽居多，雌雄比为2∶1。似非洲野犬，喜集体猎食，常以围攻的方式对付猎物，几乎在同域分布的大小兽类它们都能对付。

形态 印度豺体型中等，比狼小。体长约90厘米，尾长45~50厘米，体重10~20千克。头宽，额扁平而低，额骨中间隆起；吻部较短；耳基宽，耳端圆，直立，耳郭内毛长且为白色。体型纤长，四肢短粗；尾巴粗长，毛蓬松下垂。体毛厚密粗糙；一般头、颈、肩、背以及四肢外侧的毛色为棕褐色，无杂色毛；下颌部、喉咙、胸部、腹部及四肢内侧为淡白、黄或浅棕色；尾部为黑褐色，尾尖黑色。

习性 **活动**：群居性，具有高度的社会性，族群中有严格的等级制度；领地意识强，会坚决捍卫家族的领土范围；白天或晨昏时分活动，行动敏捷，善于跳跃，原地跳跃可达3米，助跑能越过5~6米沟堑，也能跳过3~3.5米高的岩壁、矮墙等障碍。**取食**：生性凶猛，不畏惧大小动物，善于追逐猎物，常以围攻方式捕食，在捕猎时会发出召集性的嚎叫声；杂食性，捕食啮齿动物和偶蹄目动物，如兔、鼠、山羊、鹿、马、野猪等，食物匮乏时也吃玉米、甘蔗等。**栖境**：热带森林、丛林、丘陵、山地、亚高山林地、高山草甸、高山裸岩等地可见其踪迹；栖息在岩石缝隙或隐匿在灌木丛中，不挖掘洞穴，栖居于天然洞穴和其他动物弃穴中。

繁殖 每年9月到翌年2月繁殖。雌性多成对活动，妊娠期66~69天，冬季到夏季产仔，每胎产4~6只，最多可产9只。幼仔刚出生被有深褐色绒毛，1~1.5岁性成熟。寿命为15~16年。

别名：尼尔吉里豺 | 分布：印度南部 | 濒危状态：EN

貉

貉是一种十分古老的物种，为远东常见物种，依据其分布地点的差异有6个亚种。有学者推测它可能是犬科的祖先。因毛长而蓬松，身形似狗，面如浣熊，它又被称作“毛狗”或“浣熊”。

通过叫声和身体行为进行交流

形态 貉身材较小，体形粗矮，体长45~71厘米，体重6.5~7千克，个体较大的9~10千克。头小而结实，耳短，颧骨较窄，躯干较长，腿很短，毛长而厚密。前额和鼻吻部为白色，眼周围黑色，颊部毛长而蓬松，呈环领状，背前部具交叉图案，胸部、腿和足均呈暗褐色，被毛浅棕灰色，具黑色毛尖。

习性 **活动**：昼伏夜出，3~5只一群，在巢穴周围5~10平方千米的范围内活动，能攀树和游泳，冬季非持续性冬眠，融雪天气会出来活动。**取食**：杂食性，吃昆虫、啮齿类动物、两栖动物、鸟类、鱼、爬行动物、软体动物，也会取食腐肉，动物缺少的季节也采食植物根茎、种子、浆果、真菌和谷类。**栖境**：平原、山地、丘陵地带，横跨亚热带和亚寒带地区，在河谷、草原和靠近水源的丛林中穴居，也会利用其他动物废弃的巢穴，有时居住于树洞或石缝中。

繁殖 一夫一妻制，2~4月交配，多在夜间或黎明进行，雄性个体会有短暂争斗，雌性发情期持续几小时或几天，发情期后20~24天进入孕期，妊娠期61~70天。每胎产仔6~7只，最多可产15只，新生幼仔体重60~110克，出生时闭眼，9~10天后睁眼，2周后皮毛变色，3周后吃食物，当年9~10月独立生活，8~10个月达到性成熟，野外存活6~7年，人工养殖寿命可达11年。

性格温顺，叫声低沉，行动迟缓

别名：貉子、毛狗 | 分布：中国、日本、朝鲜、韩国、俄罗斯和越南 | 濒危状态：LC

斑鬣狗

斑鬣狗是1777年由德国自然学家约翰•克里斯蒂安•波利卡普•埃尔克斯勒本首次正式描述。它的学名来自番红花属，意为“番红花颜色的物体”。虽然它有些像犬科，但其实更接近灵猫科。

进食和消化能力极强，一次能连皮带骨吞食15千克猎物

生性凶猛，可和狮群抗衡

形态 斑鬣狗体型较大，体长95~165厘米，肩高70~90厘米；雌性体型较大，雄性体重40~55千克，雌性体重44~64千克。头部扁平，面部短，额骨膨大；吻端较钝，吻部宽，鼻孔宽大；耳朵大而尖，直立，生于头顶；眼睛小；颚和牙齿特别强健，咬合力达到180千克。前肢和颈部强壮发达，后肢欠发达，身体向后倾斜；臀部圆润，尾短，长约30厘米，尾部毛长；前后肢为4指（趾），指（趾）短且粗壮，具蹼，爪钝，不能握紧；掌垫宽大。背部有鬃毛，从颈部延伸到尾端，鬃毛粗，长150~225毫米。毛色随年龄和季节变化，成体被毛呈浅灰色或淡黄色；冬季为灰色或灰褐色，并长出细软绒毛。

习性 **活动**：夜行性，夜里外出活动觅食，日出前返回洞穴；领地意识强，会通过肛门释放物质标记领地。**取食**：杂食性，以腐肉为主，也吃蝗虫、白蚁等昆虫以及鼠兔等小型啮齿目动物，还吃浆果、植物等，食物匮乏时会攻击羊、狗、鸡等家畜家禽。**栖境**：稀树草原、半沙漠地区以及海岸附近林地，生存环境偏向干旱地区；一般栖息在山洞、岩石裂缝以及其他动物的巢穴中，也会自己挖洞穴。

繁殖 一夫一妻制，一年四季均可交配繁殖。发情期持续45~50天，妊娠期约110天，每胎产1~4仔。幼体出生7 ~ 8天后睁眼，21天左右长牙，30天后开始吃肉， 4个月左右断奶，6个月大跟随成年雌性外出觅食，2~3岁性成熟。寿命为10~12年。

四肢外侧布满横向小黑斑和横条纹，鬃毛基色为灰色或灰棕色，毛尖呈黑色，在后臀部有黑色斑块

别名：条纹鬣狗 | 分布：亚洲西南部，非洲北部、东北部 | 濒危状态：LC

黄鼬

嗅觉灵敏，视觉较差，释放臭气趋避敌害

黄鼬俗称黄鼠狼，依据其所在地理位置差异分为12个亚种。它冬天寒冷时会到农家偷鸡，民谚有“黄鼠狼给鸡拜年——没安好心”。它的皮毛是制作水彩、油画等画笔的高等材料，国人俗称“狼毫”。

形态 黄鼬体型中等，身体狭长，雌雄个体差异较大，雌性约为雄性的1/3～1/2，成年雄性体长28～39厘米，体重650～820克，雌性25～30.5厘米，体重360～430克。头骨狭长，顶部平。头细颈长，耳短宽，脸上仿佛戴着咖啡色面具，嘴唇和下巴为白色或略带淡赭色，四肢短，具5指（趾），指（趾）端尖锐，指（趾）间具皮膜。毛色相对单调，浅棕色到黄棕色，毛绒稀短，被毛略深，腹面近黄白色，四肢、尾部和身体颜色相同。

习性 **活动**：夜行性，喜欢晨昏活动，除繁殖期外好单独行动，好不停地更换巢穴，通常在柴草垛和乱石堆处隐藏。**取食**：野外以老鼠和野兔为主，也吃鸟卵及动物幼畜、鱼、蛙和昆虫，偶尔也会偷袭家禽。**栖境**：山地和平原地区，尤其是河谷、树林、灌木丛和草丛地区，巢穴为山洞或树洞。

繁殖 每年3～4月交配，雌性孕期行动迟缓且谨慎，多在乱草丛或树洞等隐蔽处筑巢，妊娠期38～41天，5月产仔，每胎2～8仔。幼仔全身白色胎毛，眼睛紧闭，一个月后才会睁眼，哺乳期2个月，9～10个月达到性成熟，寿命为10～20年。

土狼 | 科属：鬣狗科，土狼属 | 学名：*Proteles cristatus* A.S. | 英文名：Aardwolf

土狼

从头后到臀部的背脊具有长鬣毛，鬃毛长且粗

土狼生性胆怯，防身武器是臭气，身体瘦小没什么肉，狮子能捕杀它却不爱吃它。因草原燃烧和过度放牧导致种群数量下降，2015年被列入濒危物种红色名录。

形态 土狼体型较小，体长55~80厘米，肩高48~80厘米，尾长20~30厘米，体重9~14千克，雌性明显大于雄性。头部小，额骨突出，吻部较长，鼻端尖；耳朵大，耳端尖；犬齿细小，舌长且发达。颈部发达；前肢长，后肢短，身体向后倾斜幅度大；前肢有5指（趾），指（趾）端具利爪，善挖土；尾根有囊状腺体，可分泌麝香类液体。体毛呈棕色，体侧和四肢均有棕褐色条纹，体侧条纹大、宽且纵向分布，四肢条纹横向、短细；尾毛长且蓬松，尾基为灰色或土黄色，尾梢为黑色；鬃毛呈棕色或褐色，有杂色。

习性 **活动**：胆小，大多独居；夜行性，白天隐藏于洞穴中，夜间外出觅食；遇到威胁时闭口不露牙齿而将毛竖起，从肛门喷出刺激性气味。**取食**：牙齿细小，咬合力差，以腐肉、白蚁、昆虫等为食，夏季舔食白蚁，冬季捕食小型哺乳动物、鸟类及鸟蛋和昆虫。**栖境**：草原、旷野地带，常栖息在开阔的长有仙人掌的石砾荒漠和半荒漠草原、低矮灌丛等处，洞穴筑在白蚁穴附近，有时住在白蚁穴中。

繁殖 一夫一妻制，雌雄住在相距不远的领地中。雌性每年6月发情，妊娠期约90天，每胎产仔2~5只。幼仔出生时眼睛睁开，体重200~350克，3~4个月断奶，跟随成体外出觅食，一岁左右离开父母的领地独立生活；雄性2岁、雌性3岁性成熟。野生平均寿命4年，圈养寿命可达15年左右。

有人推测土狼的条纹是在拟态凶猛的缟鬣狗，让很多食肉动物不敢招惹它

别名：鬣豺 | 分布：安哥拉、埃及、埃塞、肯尼亚、乌干达 | 濒危状态：EN

土狼

伶鼬

伶鼬依据分布范围差异分12个亚种。也有人称它为“小型黄鼠狼”，跟黄鼬神似，身体细长，个头与鼠相仿，因腹部呈银白色，冬天时背部也会变成白色，因而又被称为“银鼠”或“白鼠”。

春秋季节均会换毛

形态 伶鼬小而灵活，雌雄个体差异较大，雄性约为雌性长度的1.5倍，成年雄性个体平均体长13～26厘米，体重36～250克，雌性11.4～20.4厘米，体重29～117克。头钝长，耳朵较小，眼圆而大，四肢和尾较短，为1.2～8.7厘米。雌性具四对乳头，长1.6～2厘米，足掌被短毛，指（趾）、掌垫隐藏于短毛中，足5指（趾），爪细而尖锐。冬、夏季节毛色长短各异，冬季毛短而密，毛柔软且紧密配合，呈白色；夏季薄而稀疏，且毛质粗糙，背面自上唇至身体尾部为褐色或咖啡色。腹面从喉、颈侧到腹部呈白色，背腹线整齐而明显，少数个体尾部混生褐色毛。

习性 **活动**：白天出没，好单独行动，猎食区域固定，常侵占啮齿动物巢穴为窝，在草丛、土穴等地隐蔽捕食。**取食**：以小型啮齿类动物为主，也捕食兔子等哺乳动物，偶尔也取食鸟类、鸟蛋、鱼类和青蛙。**栖境**：干燥地带，常在针阔叶混交林、高山或干旱山地针叶林及林缘灌丛处，也在草原地带出没。

繁殖 每年4～7月交配，偶尔一年发情两次，妊娠期为34～37天，每胎产3～7仔。幼仔出生时全身无毛，呈粉色，重1.5～4.5克，4天后具白毛，2～3周后毛变长，8周后具捕猎能力，9～12周可独立生活，4个月达到性成熟，野外寿命为7～8年。

行动迅速敏捷，视觉、听觉和嗅觉灵敏

天敌是黄鼬、狐等肉食类动物和猛禽

别名：银鼠 | 分布：环北极分布，欧洲大部和北非、亚洲和北美 | 濒危状态：LC

狗獾

狗獾在俄罗斯很常见，1999年记录有30000个体。2006年调查显示欧洲的种群密度有所增加，仅芬兰的分布密度较低，总体数量趋于稳定。

肛门附近具腺囊，能分泌臭液

形态 狗獾是狗獾属中体型较大的种类，体长50~70厘米，尾长12~24厘米，肩高25~30厘米，雄性比雌性略大，体重7~17千克。体形肥壮；头颅骨形窄长且高，下颌骨底缘较平直；吻鼻长，鼻端粗钝，具软骨质的鼻垫，鼻垫与上唇之间被毛；耳短圆，耳朵长3.5~7厘米；门齿呈弧状排列，前臼齿3颗，裂齿呈三角形。颈部粗短，四肢短健，前后足的指（趾）均具粗长黑棕色爪，前足的爪比后足的爪长，尾短。头部覆盖短针毛，从两侧口角到耳基下端、头部中间从吻部到额头部共有三条白色或乳白色纵纹；耳背及后缘黑褐色，耳上缘白色或乳黄色，耳内缘乳黄色。从头顶至尾部遍被粗硬的针毛；四肢为黑色。

习性 **活动**：喜群居，春、秋两季活动频繁，冬季会冬眠；主要在夜间外出活动，天亮前回到洞中，白天隐藏在洞中休息；善于挖洞，活动缓慢，性情凶猛。**取食**：杂食性，对食物不挑剔，主要吃昆虫，小型哺乳动物，蛙类，植物根、茎、果实等，也偷吃庄稼。**栖境**：森林中或山坡灌丛、田野、坟地、沙丘草丛及湖泊、河溪旁边等各种生境中；穴居，洞穴固定。

繁殖 一夫一妻制，每年9~10月发情，每年繁殖一次。发情期雌雄性相互追逐，交配。雌性次年4~5月产仔，每胎产2~5只；幼仔出生1个月后睁眼，秋季会离开成体独立生活，3年后性成熟。

3条纵纹中有2条黑褐色纵纹，纵纹从吻部两侧向后延伸，穿过眼部到头后与颈背部深色区相连

别名：麻獾、山獾 | 分布：欧、亚洲，中国除新疆、西藏外均见 | 濒危状态：LC

松貂 | 科属：鼬科，貂属 | 学名：*Martes martes* L. | 英文名：European pine marten

松貂

大小与家猫相仿

松貂是一种中型食肉动物，会咬车辆的塑胶部分，磨利或清洁牙齿。该物种分布范围广，种群数量趋势稳定，被评价为无生存危机的物种。

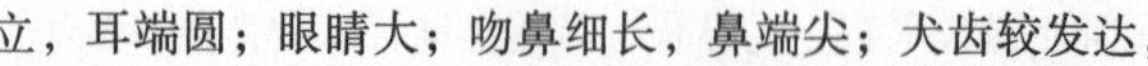

形态 松貂体型中等，体长46~54厘米，尾长22~26厘米，体重1~2.2千克；雄性比雌性大。躯体细长；头型狭长；耳基宽，呈三角形，耳朵直立，耳端圆；眼睛大；吻鼻细长，鼻端尖；犬齿较发达，裂齿较小，上臼齿横列。四肢较短，前后足均5指（趾）；爪锋利，不可伸缩或半收缩。尾巴粗长。体毛坚韧柔软，绒毛细密，冬季厚实柔滑，夏天短且粗糙，多无斑点，呈浅褐至深褐色，冬季颜色变浅；耳郭、耳尖为乳白色；口鼻部、前后肢为黑色或深棕色；喉咙部、胸部为奶白色或黄色；尾巴处毛浓密蓬松，呈深棕色。

习性 **活动**：夜行性，夜间或黄昏时外出觅食活动，白天在树洞或树上隐蔽处休息；领地意识强，通过腹部和肛门香腺排出气味标记领地和活动范围；受到威胁时会通过肛门排出刺激性臭味，呛退天敌。**取食**：杂食性，主要捕食田鼠、小型哺乳动物、鸟类、昆虫、青蛙及腐肉；秋天也吃鸟蛋、坚果、浆果及蜂蜜。**栖境**：海拔800~1600米的针叶阔叶混交林和亚寒带针叶林中，出没于草木较多处；树栖或在灌木丛中筑巢；冬季抛弃树巢，藏身石隙或地栖。

肛门附近有臭腺，可以释放臭气驱敌自卫

繁殖 每年2~4月繁殖；雌性妊娠期长达7个月，每胎产1~5仔。幼貂出生时重约30克，眼睛未睁开，6个月大幼体可以完全独立离巢生活，2~3岁性成熟。人工饲养寿命可达18年，野生寿命为8~10年。

别名：林貂 | 分布：欧洲，俄罗斯等 | 濒危状态：LC

黄喉貂

黄喉貂，顾名思义，因具有黄橙色喉斑而得名，根据所在地理位置不同，可分为10个亚种。因为身体青灰色，也时常被人称为“青鼬”；因好吃蜂蜜，又有“蜜狗”之称。

行动敏捷，动作迅猛，捕食凶狠，跳跃能力强，善于爬树

形态 黄喉貂大小如狐狸，样貌如鼬鼠。雄性体长50～71.9厘米，雌性体长50～62厘米，尾长相近（37～65厘米），体重1.6～3.8千克。头尖细，耳朵大而宽，耳根短圆，体形细长，四肢短而有力，前后肢各5指（趾），指（趾）粗壮尖利。头及颈背部、身体的后部、四肢及尾巴均为暗棕色至黑色，喉胸部毛色鲜黄，腰部呈黄褐色，皮毛柔软而致密，尾巴毛茸茸的但不蓬松。

习性 **活动**：常在白天活动，晚上活动也很频繁，在森林中随猎物移动，小心隐蔽，视觉良好。**取食**：肉食性，喜欢捕食昆虫、鱼类及小型鸟兽，常捕食松鼠及鼯鼠，偶尔也捕食大型野鸡类，如环颈雉、勺鸡、白鹇等，还合群捕杀大型兽类，如小麂、林麝、野猪等。**栖境**：常绿阔叶林和针阔叶混交林区，栖息地遍布丘陵或山地森林，但活动不受地形影响，从中国小兴安岭的红松林、秦岭地区的针阔叶林，到云南西双版纳的雨林，再到中国台湾、海南的高山森林，都有它的踪迹，栖息地海拔高度均在3000米以下。

繁殖 通常6～7月发情，妊娠期9～10个月。次年5月产仔，每胎2～4仔，雌性个体把幼仔产在树洞中。人工养殖条件下寿命约14年。

分布范围广，因各地气候、温度等差异，繁殖时间也不一致，南方一般在春季繁殖

别名：青鼬、蜜狗、黄猺 | 分布：东亚和东南亚，中国北部及俄罗斯 | 濒危状态：LC

貂熊 | 科属：鼬科，貂熊属 | 学名：*Gulo gulo* L. | 英文名：Wolverine

貂熊

生性机警，行动隐秘，视觉敏锐

有半冬眠的习惯

貂熊为现存鼬科最大的陆栖物种，依据地理位置和形态差异有六种。它具有健壮发达的肌肉和魁梧的身材，因凶猛彪悍著称，被称为“狼獾”或“饕餮”；因外形像熊但略小于熊，又有“飞熊”“熊貂”和“掌熊”之称谓；因其喜欢在密林中上蹿下跳，从高处飞跃时形如飞翔，又称为“飞熊”。

形态 貂熊头体长80～100厘米，体重8～25千克。头大耳小，背弯曲，四肢短而健壮，爪长而直，不能伸缩。被毛棕褐色，两肋至后腿部毛较长。尾巴粗大，尾毛黑褐色，呈穗状下垂。

习性 **活动**：昼伏夜出，好单独行动，善长途奔走、游泳和攀缘，常在林中蹿跳。**取食**：杂食性，吃小到中型哺乳动物，也捕食昆虫、鸟类以及植物根、种子和浆果。**栖境**：亚寒带、寒温带针叶林，亚热带丘陵地带和冻土草原地区，无固定洞穴，借住废弃洞穴或栖息于山坡裂缝或树洞中。

繁殖 一夫多妻制。雌性每年发情一次，夏季交配，受精卵初冬发育，妊娠期30～50天。每胎产2～3只幼仔，幼仔出生时橘子大小，眼睛紧闭，30天后睁眼，哺乳期3个月，2～3岁后离开父母，野外条件下可存活13年。

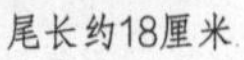

尾长约18厘米

具发达臭腺，遇敌害时让臭液遍布全身趋避敌害

毛色随季节变化，每年更换两次，4~5月更换被毛，颜色浅，10月的被毛颜色深，又长又厚，具较好保温性

爱在食物周围弄上尿液，使其他动物不敢窃取

别名：狼獾 | 分布：北极边缘及亚北极，中国大兴安岭及新疆阿尔泰山地 | 濒危状态：LC

臭鼬

尾长22~25厘米，浓密的皮毛呈刷状，非常可爱

臭鼬共13个亚种。它性情温和，被毛黑白相间，十分醒目，尾部有腺体可分泌奇臭的液体，遇险时用作防卫武器。

形态 臭鼬体长61~68厘米，重1.4~6.6千克，雄性大于雌性。体型粗壮，中等大小，眼睛小巧，耳短而圆，四肢短，前足爪长，后足爪短，每个爪有5指（趾）。头部亮黑色，两眼间有一狭长白纹，两条宽阔的白色背纹始于颈背并向后延伸至尾基部。

习性 **活动**：白天在地洞中休息，黄昏和夜晚出来活动。以家庭为单位生活，一般5~6只，多达10~12只。秋末会变得非常胖，一年四季在户外活动，在冬季比在炎热的夏季更活跃。**取食**：杂食性，秋、冬季以野果、小型哺乳类及谷物为食，春、夏季多以昆虫和谷物等为主，偶吃小鸟、鸟卵、蛇、蛙等。**栖境**：树林、沟谷、平原和沙漠地区；挖洞而居，喜欢在大石头下筑窝，用草叶作为垫巢材料，巢域为10.4公顷左右；也会寻找犰狳、狐狸和其他动物洞穴。

繁殖 “一夫多妻”制，2~3月交配，孕期63天。每胎2~10仔，多为5~6仔。寿命17岁，有的达22岁。

如果敌人靠得太近，会低身竖尾，用前爪跺地发出警告；若敌人无视警告，便会转过身由尾巴旁的腺体分泌出恶臭液体并喷向敌人，在3.5米距离内一般不会打不中目标，液体会使被击中者短暂失明，强烈的臭味在约800米范围内都可以闻得到

别名：不详 | 分布：横贯美国至墨西哥北部 | 濒危状态：LC

蜜獾 | 科属：鼬科，蜜獾属 | 学名：*Mellivora capensis* S. | 英文名：Ratel

蜜獾

最喜欢吃蜂蜜，会不顾自身安危直接冲进蜂箱，这往往导致其不幸死亡

蜜獾以颜色、体型被分为12个亚种，它看起来很可爱，实际上爱攻击所有东西，有力武器不是它的爪子和牙齿，而是它的凶猛和无所畏惧。它很聪明能够知道敌人的弱点，能杀死鳄鱼，敢于从熊的嘴里夺取食物。蜜獾已经以“世界上最无所畏惧的动物”被收录在吉尼斯世界纪录大全中数年之久，不过它也并不是所向无敌，常常死在狮子和花豹的手上。此外，它也是为数不多的会使用工具的一种动物，例如用原木作为梯子。

形态 蜜獾体长60~102厘米，尾长16~30厘米，高23~30厘米。雄雌间的体型差异甚大，雄性的体重可达雌性的2倍。身体厚实，头部宽阔，眼睛小，外观看不出耳朵，鼻子平钝。背部灰色，皮毛光滑强韧，皮毛松弛而且非常粗糙。

习性 **活动**：白天在地洞中休息，黄昏和夜晚活动，常单独或成对出现。奔跑时速可达9.6千米。**取食**：杂食性，小哺乳动物、鸟、爬虫、蚂蚁、腐肉、野果、浆果、坚果等都是它的食物，也吃眼镜蛇和黑曼巴蛇等毒蛇和蟒。捕猎效率高，会不停地捕食以满足自己不断运动所消耗的能量。**栖境**：雨林、开阔的草原以及水边。

繁殖 饲养环境下8月初至9月底交配，受精卵2~3个月内不着床，着床后即发育，孕期约230天。每年1胎，每胎3~4仔。人工饲养时雌性约1岁性成熟，雄性约1.5岁。

性情勇敢、坚毅、顽强，对异类凶猛、好斗，同类有相残现象，尤其对幼仔，只有一半幼仔能长到成年

与黑喉响蜜䴕结成十分有趣的伙伴关系，两者均喜食蜂蜜，但响蜜䴕破不开蜂窝，便作为蜜源向导把蜜獾带到蜜蜂的家，蜜獾用强壮有力的爪子扒开蜂窝，二者共享佳肴

对蛇毒有很强抵抗力

别名：不详 | 分布：非洲、西南亚和欧洲中东部 | 濒危状态：LC

水獭 | 科属：鼬科，水獭属 | 学名：*Lutra lutra* L. | 英文名：Common otter

水獭

潜入水中时，封闭耳、鼻，眼睛由一层透明薄膜保护
视觉、听觉、嗅觉都非常灵敏

水獭是一类水陆两栖、肉食性哺乳动物，皮毛外观美丽，绒毛厚密而柔软，几乎不会被水浸湿，保温抗冻性极好，是贵重的毛皮资源动物。它们爱把食物储于水中，在水陆之间筑堤堰截水成池，即使饱腹之后，它们还会无休无止地捕杀鱼类，对养鱼业危害极大。但聪明伶俐的水獭，经过半年训练，就可以成为一名为渔民效劳的捕鱼能手，被渔民亲切称为“鱼猫子”。

形态 水獭身体呈流线型，长60～80厘米，体重可达5千克。头部宽而略扁，吻短，下颏中央有数根短而硬的须。眼略突出，耳短小而圆，鼻孔、耳道有防水灌入的瓣膜。四肢短，指（趾）间具蹼，尾细长，由基部至末端逐渐变细。体毛较长而细密，棕黑色或咖啡色，底绒丰厚柔软。体背灰褐，胸腹颜色灰褐，喉部、颈下灰白色，毛色还呈季节性变化，夏季稍带红棕色。

习性 **活动**：昼伏夜出，一雌一雄或一家老小住在一起。在岸上没有力量，在水里力大过人，善于游泳和潜水，一次可在水下停留2分钟。**取食**：主食鱼类、鼠类、蛙类、蟹、水鸟等。嗜好捕鱼。**栖境**：河流和湖泊一带，喜欢生活在两岸树木繁茂的溪河，多居于自然洞穴，常爱住僻静堤岸有岩石隙缝、大树老根、蜿蜒曲折通陆通水的洞窟。

繁殖 无明显的繁殖季节，在夏季或秋季产仔。每胎2~4仔，通常2仔。孕期8周，哺乳期约50天，2岁性成熟。

遇到危险便潜入水中，靠身体内储备的氧气在水下待5~15分钟

往往在一个水系内从主流到支流或从下游到上游巡回地觅食，洪水淹洞或水中缺食时也常上陆觅食

捕食前常在水边石块上伏视，一旦发现猎物行动迅敏快捷

别名：鱼猫子、水狗、水猴 | 分布：欧洲、亚洲、美洲和非洲 | 濒危状态：NT

江獭 | 科属：鼬科，江獭属 | 学名：*Lutrogale perspicillata* G. | 英文名：Smooth-coated otter

江獭

体毛紧贴身体显得十分平滑，又有“平滑水獭”之称

江獭外形与水獭非常相似，但体形较大，常到海中活动、觅食，常被渔民称为咸水獭。其裸露的鼻垫与上面毛区几乎成一条直线，这是它与水獭区别的显著特征。

形态 江獭体长60~80厘米，重5~12千克，头部较大，耳短小而圆，边缘为灰白色，四肢粗短，每肢有5指（趾），指（趾）间蹼膜不完全，爪短粗呈钉子状，有退化现象，尾部较细。裸露的鼻垫上缘被波浪状凹凸体毛，鼻垫与毛区交界处只在中间突出一些，几乎成一条直线，并有两处凹陷。毛发外层长12～14毫米，内层长6～9毫米，体背毛色为浅亮黑褐色至棕色，针毛非常短，腹部为暗褐色，两颊、颈侧和喉部为白色至灰色，绒毛为浅灰褐色。鼻部粉红色或略黑，上缘凸起呈尖状。尾巴大约为体长的一半，较短而扁，甚为宽阔，后半段被有稀疏的短毛。

习性 **活动**：多于晨昏集群活动，围猎捕鱼时将头部浮出水面，从鼻孔发出“咕咕”响声。**取食**：性情凶猛，主食甲壳动物、软体动物和小鱼，能捕捉到数千克到数十千克重的鱼类，有时还猎捕野鸭、海鸥等。**栖境**：江河和海岸带僻静的水域，与普通水獭混栖同一海域，爱在咸、淡水区生活，也常进出淡水溪流，居住离水的石隙岩洞。

繁殖 季节性繁殖，每年1胎，每胎1~5仔，多为2仔。孕期约63天，3年性成熟。

住所不定，但有一定的活动地域，通常5~15天往返一次；一般夏季到较远的深海，冬季再回到近岸的浅海地区

在沙滩上有“挂爪”的习性，爪痕深浅不一，经常活动处也留有它打滚或进出淡水坑“洗澡”的足印，这是饱食以后到岸上休息前的习惯，“洗澡”的目的是冲去身上的咸水，使被毛保持干爽

别名：印度水獭、咸水獭、滑獭、短毛獭 | 分布：东南亚 | 濒危状态：EN

巨獭 | 科属：鼬科，巨獭属 | 学名：*Pteronura brasiliensis* G. | 英文名：Giant otter

巨獭

站立时可高达3米，比其他水獭多2米多

准确无误地由下水原地登陆上岸，循着爪痕足迹返回巢穴

巨獭聪明、好奇，叫声像犬，擅游泳，故得俗名“水狗”，在13种水獭中体形最大。它毛皮油亮，珍贵美观，质轻而韧，皮板坚韧，底绒丰厚，保暖性强，是制作名贵大衣、领子、奢华皮帽的上等原料，被称为“毛皮之王”；又因其肝入药，主治虚劳、咳嗽、夜盲等症，导致过量捕猎，已成罕见珍兽。

形态 巨獭身体细长，四肢粗短。体长1.5~2米，体重约20千克。头部扁平宽阔，眼、耳均小，鼻孔和耳内有小圆瓣，潜水时关闭，鼻垫裸露部与皮毛交界处呈“W”形。四肢的爪长而锐利，指（趾）间有皮蹼。尾巴强壮有力，犹如能校正航向的舵梢。体毛长，富有光泽，尾毛长密，背面棕黑色或栗褐色，光泽耀眼，鲜艳华丽。

习性 **活动**：水栖群居性动物，营隐蔽的穴居生活，有好几处住所，常迁居，想要掏巢不大现实。水性娴熟，游泳快速灵活。四肢短小，在陆地上爬动艰难，肚皮紧贴地面，显得非常吃力。**取食**：主食鱼类，包括脂鲤科鱼与鲶鱼。**栖境**：仅见于南美热带雨林和湿地，喜欢栖居在陡峭的岸边、河岸浅滩及水草少和附近林木繁茂的河湖溪沼中。

繁殖 多在春夏季发情，多于水中交配，当气温在-12~-6℃时，也可在陆地上交配。每年两胎，每胎1~3仔，常2仔。孕期54~58天

群居性，加上超强的游泳能力和出色的捕猎技术，使之成为水中一霸，又称“水中群狼”；只有人类和凯门鳄能够对巨獭构成威胁；鳄鱼在岸上很容易遭到巨獭攻击，聪敏非凡的它会巧妙运用战术不断挑逗鳄鱼，待耗尽其体力后轻松啃食鳄鱼的大尾巴，所以南美地区存在不少“秃尾巴鳄鱼”

别名：大水獭、亚马逊巨獭 | 分布：原产于南美，目前已经濒临灭绝 | 濒危状态：EN

蛇獴

蛇獴主要分布在印度，在中国南部热带地区也见。它拥有敏锐的嗅觉和视觉，但只能看见部分颜色。它能够吃蛇，但食物主要来源是小型昆虫和啮齿动物，在印度被饲做宠物，捕食家鼠和其他害虫。

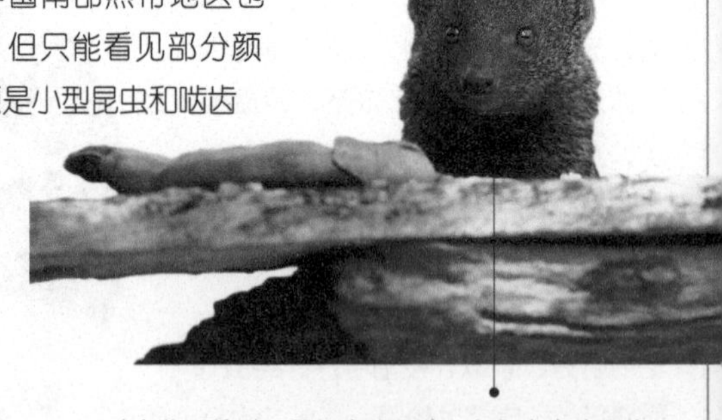

对食物不挑剔，是蛇类的天敌，包括有毒的眼镜蛇，只要见到蛇类哪怕已经吃饱也会将蛇咬死

形态 蛇獴体型细长，体长36~45厘米，尾巴长约45厘米，占到身体的一半；体重0.9~1.7千克；雄性比雌性大。头部小，呈弹头状；耳朵圆、小；虹膜为橘黄色，瞳孔水平，如同钥匙孔一般；吻鼻细长，鼻端尖。四肢短。体毛长，体色基本为黄棕色；有个别杂毛，毛基部为灰色、黄褐色，毛尖呈灰色；四肢为灰黑色；尾部与体色相同，尾尖为暗红色；口鼻处为灰黑色。

习性 **活动**：身体灵活，善于攀爬；视觉、嗅觉灵敏；警惕性强，胆大，对事物充满好奇；白天外出活动觅食。**取食**：肉食性，主要捕食蛇、昆虫以及小型动物，如蜥蜴、鼠类、鸟类及鸟蛋、无脊椎动物等；毒蛇见到它如同老鼠见到猫一般，缩成一团。**栖境**：疏林、灌木林地和耕地，栖息在洞穴、岩缝或灌木丛甚至排水沟中。

繁殖 一年四季均能繁殖，在发情期没有明显的变化，交配一般发生在3月、8月或10月。繁殖迅速，每年可产2~3胎，每胎通常2~4只幼仔；雌性的妊娠期为60~65天，分娩时间多发生在5月、6月或10~12月。寿命一般在7年左右，最长寿命可以达到12.5年。野外最大的威胁是有毒化学物品的使用。

之所以能够捕食毒蛇主要是因为有厚厚的被毛和体内分泌的专门抵抗蛇毒的乙酰胆碱

别名：灰獴 | 分布：印度、尼泊尔、斯里兰卡，中国广东、广西、海南、云南、福建 | 濒危状态：LC

非洲獴

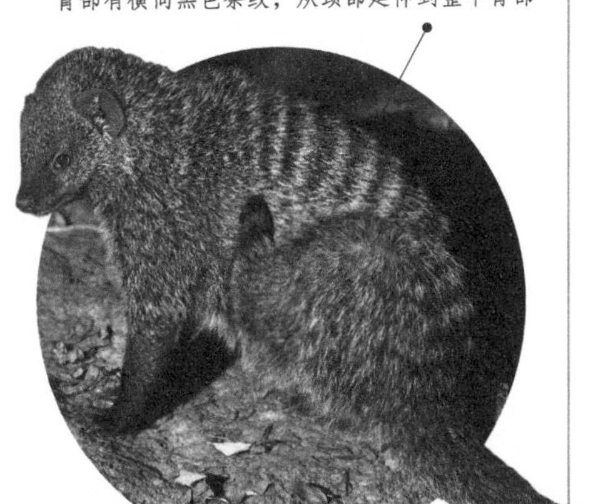

背部有横向黑色条纹，从颈部延伸到整个背部

非洲獴因搏杀毒蛇本领高强而闻名，但它最爱吃动物的蛋，有两种方法把蛋打开，一是用前爪抓住蛋，把蛋从身体下面滚出去，使之穿过后腿击向岩石；另一种持蛋直立，猛地向前扑倒在地，把蛋击碎。人们曾把非洲獴带到很多岛上，希望它们控制那里蛇的数量。不幸的是，它们也攻击鸟类及小型哺乳动物，使许多动物濒临灭绝。

形态 非洲獴体长为30~45厘米，尾长15~30厘米，体重为1.5~2.5千克。头部大，呈弹头形；耳小，呈半月形，耳郭直立；前额圆形，脸颊锥形；鼻端突出，鼻尖肉粉色，鼻孔大，鼻端上部黑色。体型纤长，四肢短，肌肉发达，指（趾）端有坚硬爪子善挖土；尾巴细长。全身长满短毛，背、腹、头部为灰棕色；颈底部为浅黄色；四肢黑色或深棕色。

习性 **活动**：集体生活，群体数量为7~40只，由雌性统领，社会性极强；行动灵活，听觉、嗅觉发达；白天集体活动觅食，夜间在洞穴中休息躲避天敌；领地意识强，用肛腺分泌出气味强烈的液体标记领地和相互识别。**取食**：主要捕食甲虫、蚱蜢、白蚁、蜗牛、蝎子、鸟蛋、爬行动物的蛋，甲虫占到食物的60%，偶吃浆果；会把蜗牛、鸟蛋等拿到专门的地方砸开。**栖境**：热带稀树草原、森林、草原、沼泽边缘等地；喜干燥环境，栖息洞穴离水源近并经常更换；会挖洞穴，也利用白蚁等其他动物的洞穴作为临时窝点。

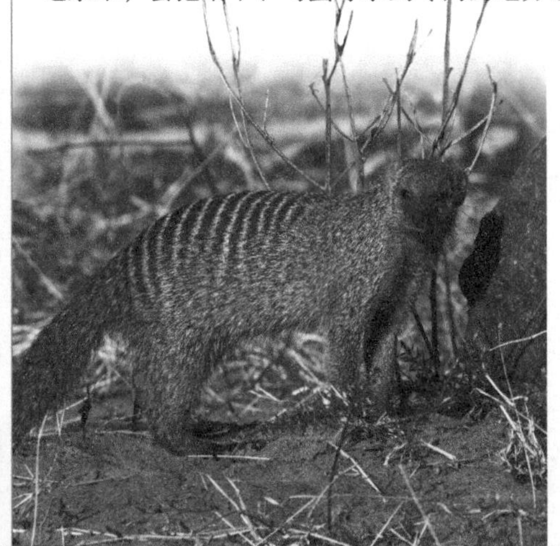

繁殖 发情期雄性监视群体中的雌性。妊娠期60~70天，每胎产仔2~6只；雌性会在同一天或相近几天内生育幼仔。有专门的成体负责照看幼仔，雌性也会照看。4周后幼仔可跟随成体外出觅食，3个月后能独立生活。

非洲獴

猫鼬 | 科属：獴科，狐獴属 | 学名：*Suricata suricatts* S. | 英文名：Meerkat

猫鼬

直立身高25~35厘米，尾长17~25厘米，直立时能借尾巴支撑来保持平衡

领地性极强，会强悍地拒绝其他群进入领地

猫鼬是一种会站立的小型、花面哺乳动物，性情凶暴起来足以杀死一条眼镜蛇。它的背部生有短而平行的斑纹，每只皆不同。神奇的是，其腹部黑色皮肤能吸收太阳热量用于抵御沙漠夜晚带来的寒冷，具有“光吸收”的“超能力”，又被称为“动物界的太阳能电池板”。

形态 猫鼬雄性个体重约731克，雌性略小，躯干和四肢修长。脸形尖尖延伸到棕色的鼻子，眼睛周围的黑色块作用类同太阳镜，让它们在艳阳下仍能清晰视物，甚至直视太阳。小而黑的新月型耳朵可自由启闭，尾巴细长，也尖尖延伸到端点，末端有黑色斑点。四肢均有4指（趾），有爪，弯而有力，可用来挖洞、猎食和调整它们的地底洞穴，但爪不能收回。被毛浅黄棕色，掺杂灰、古铜或微带银色。腹部毛发稀少、无花样，有黑色区域。

习性 **活动**：昼行性动物，会掘洞。非常社会化，常5~30只结群。猫鼬“哨兵”警示天空中有天敌来袭时，其他猫鼬便会以最迅速的方式逃向地下或者其他掩体之下。**取食**：食虫，对许多毒具免疫性，捕食蝎子、甲虫、蠕虫等，还会食用小型哺乳动物、小型爬行动物、鸟类、蛋类及植物的块茎和根。**栖境**：住在地底有着数个入口的大型网状洞穴，也与地松鼠和黄獴一起分享洞穴。

通常领导族群的最高阶级才有繁殖权，并会在正常情况下杀光所有其他成员的幼兽以确保后代有最好的生存机会

群落成员间表现出利他行为，一或多只狐獴会在其他狐獴觅食或嬉戏时做哨兵，不同的警报声意味着不同的捕食者，且群体成员会照看群内幼兽，即使并非亲生

繁殖 全年可繁殖，野生者每年3胎，每胎2~5仔，孕期约11周，哺乳期49~63天，约1年性成熟。寿命12~14年。

别名：狐獴、沼狸 | 分布：非洲南部卡拉哈里沙漠 | 濒危状态：LC

 科属：獴科，笔尾獴属 | 学名：*Cynictis penicillata* G.C. | 英文名：Yellow mongoose

笔尾獴

好奇心强，对陌生事物保持好奇心

穴居，经常与地松鼠或貂狸共处

笔尾獴是一种小型獴科动物，生活在安哥拉、博茨瓦纳、南非、纳米比亚和津巴布韦的半沙漠灌木地区和草原上。它与其他獴科动物一样喜爱吃动物的蛋，同样爱捕食蛇类，天敌包括大型猛禽、狐狼等。

形态 笔尾獴体型小，体长23~33厘米，尾长18~25厘米，体重0.5千克。躯干修长笔直，四肢匀称。耳小，呈新月形，耳朵为黑色；前额圆形；面颊呈锥形；头骨凸现出很大的眼窝，眼圈周围呈黑色；鼻端较尖，黑色。四肢短，指（趾）端有黑色弯曲的爪子，用于挖洞、取食。尾巴细长，尾毛短，呈黄色，尾尖为白色，站立时尾巴能支撑身体。全身有毛发，背部及腹部两侧的毛发较长，呈黄色或红棕色；头部、四肢毛短颜色较浅，一般为黄色；喉咙处、胸部颜色为乳白色，腹部毛发较少。

习性 **活动**：群居，20~40只一群；白天外出活动觅食，夜间偶尔外出；行动灵敏，听觉、嗅觉发达；经常将前肢抬起保持站立状，只用后肢和尾巴保持平衡；具有很强的领地意识，用肛腺分泌出气味强烈的液体标记领地；受到威胁时会发出吱吱叫声，还会释放气味强烈的液体。**取食**：肉食性，以节肢动物为食，也捕食小型哺乳动物、蛇、蜥蜴、鸟类及各种蛋等；集体捕食；对于难以打开的鸟蛋和鳄鱼卵等会用前肢捧起重重摔下。**栖境**：开阔的草原和半荒漠灌木丛中；成群栖息在洞穴中，自己挖穴，也与其他动物共栖。

繁殖 每年7～9月为发情期，妊娠期为45~47天，10~12月分娩。每胎可产幼仔2~4只，断奶期为10周，10个月后幼体性成熟。

别名：黄獴、赤獴 | 分布：纳米比亚、博茨瓦纳、南非、安哥拉北部 | 濒危状态：LC

PART 3
106~119页

奇蹄目

普通斑马 | 科属：马科，马属 | 学名：*Equus burchellii* J.G. | 英文名：Common Zebra

普通斑马

周身的条纹和人类的指纹一样，没有两头完全相同

普通斑马是非洲特产，也是分布最广的一种斑马，它喜欢栖息在水草丰盛的草原，一年中大部分时间都在同一地区，食物与水短缺时才迁徙。它对非洲疾病的抗病力比马强，但始终未被驯化成家畜，也没能和马杂交。

形态 普通斑马体型中等，体长217~246厘米；尾长约50厘米；肩高110~145厘米；体重175~385千克；雄性比雌性稍大。口鼻部为黑色或深棕色；耳朵狭长，直立。四肢较短，有鬃毛。身体有黑白相间的花纹；头部花纹细窄；颈部条纹为环形；鬃毛颜色与身体斑纹的颜色相同，黑白相间；身体前端的花纹细密，垂直；臀部花纹宽，间距大，方向接近水平；四肢外侧有条纹，呈水平分布，花纹细密。腹部、四肢内侧无花纹，呈白色。

习性 **活动**：群体生活，由一只雄性和1~6只雌性组成，社会系统复杂；善于奔跑，耐力好，时速可达60~80千米；视力好、听觉发达，遇到危险时会发出嘶鸣，群体抵御天敌，会共同保护受伤的同伴。**取食**：草食性；主要吃草，占饮食比例的92%，也吃灌木、树枝、树叶甚至树皮；消化系统较强。**栖境**：适应能力强，能在营养价值很少的粗植被区域生存；栖息在草原、稀树林地，也生活在海拔4300米的肯尼亚山中。因为需要大量的食物和饮水，因此会往降雨较多的地方移动。

繁殖 全年均可，每年雨季是繁殖高峰期。雌性妊娠期360~396天，每胎产1只。刚出生的幼仔即能站立，一周左右开始吃草；7~11月断奶；1~3岁雄性幼体会被赶出群体独自流浪生活；4岁左右性成熟可以繁育后代。寿命为20~30年。

别名：平原斑马 | 分布：非洲东部、西南部及南部 | 濒危状态：LC

细纹斑马 | 科属：马科，马属 | 学名：*Equus grevyi* O. | 英文名：Painted Zebra

细纹斑马

细纹斑马是非洲特产，其几乎全身的光滑条纹给其增添了不少的神秘感和魅力，但由于人们追求其皮和肉曾大量捕杀，细纹斑马已濒临灭绝。

生性谨慎

形态 细纹斑马是三种现存野生斑马动物中个体最大、形态最美的斑马，颈部较宽，脊背上也有一条很宽的纵纹，胸部和腹部洁白没有花纹，尾部也没有条纹。头部、脸部长而窄，形状十分接近骡，吻部为灰色，两只耳朵特别宽大，呈圆锥形，里面布满又厚又长的毛，雄性喉部有垂肉，从头至尾的鬃毛较长且竖立，蹄子宽大，附蝉较小，尾巴也很长，而且末端丛生长毛，奔跑时高高竖起，起到平衡身体的作用。

习性 **活动**：细纹斑马会在短期内组成小规模的种群，而成年雄性斑马以独居为主，具领地意识，在栖息范围内，群体总是沿着较为固定的路线进行迁徙活动。群体成员之间十分友好，常与鸵鸟、长颈鹿、羚羊等食草动物等混杂行动，一起生活、分享同样的食物，并且互通信息以避强敌。**取食**：以草为食，也吃水果、灌木和树皮。每天60%以上的时间都在进食。**栖境**：喜欢在多山和起伏不平的山岳地带活动。多栖居于干燥、开阔、灌丛较多的草原上和沙漠地带。

繁殖 全年可繁殖，高峰期在8~9月的雨季，每隔3年生产1次，每胎产1仔。孕期为11~13个月，哺乳期约为6个月，幼仔3岁以后才完全独立。

身上具有黑褐色与白色相间的光滑条纹，细密秀美而又不失雅致大方，斑纹及间距十分窄小，一直到蹄部都有

别名：细斑马 | 分布：索马里、埃塞俄比亚南部至肯尼亚北部 | 濒危状态：EN

山斑马 | 科属：马科，马属 | 学名：*Equus zebra* L. | 英文名：Mountain zebra

山斑马

山斑马是现存的3种斑马之一，是现存体型最小的野生马类，也是首次得到科学描述和定名的斑马，有哈特曼山斑马和海角山斑马两个亚种。

全身都是黑白相间的细密条纹，臀部条纹稍宽，其花纹也是一道不错的风景

形态 头躯干长2.1~2.6米，重240~372千克。头顶至背脊部有鬃毛，鬃毛很短。全身都是黑白相间的细密条纹，臀部条纹很宽，其上方脊柱处有一片铁格架子似的条纹，身体部分的条纹比臀部窄，尾部棕黄色，与臀部交接处上方的花纹非常特别，条纹黑白分明，没有淡灰色的条纹，腹部为白色，喉部有垂肉。

习性 **活动**：日行性，昼夜活动，主要于晨昏活动。群居，由1只雄马带领1~6只雌马及子女组成群体，雄斑马负责保卫“妻小”，群体有“哨兵”轮流站岗，发现敌情立即发出“警报”并合群逃跑。雌斑马终身留在原来的群体中，成年雄斑马会组成“单身汉”群体或向具有领导地位的雄斑马挑战。**取食**：草食为主，也吃嫩叶、树皮。**栖境**：炎热干燥的高原和山岳地带的草原，习惯爬山越岭，很少走下山来。

繁殖 山斑马全年可繁殖，各地区生育高峰存在差异。孕期约1年，每胎1仔。成年雌性山斑马隔年或3年繁殖一次。

别名：哈氏山斑马 | 分布：非洲南部、西南部山区 | 濒危状态：VU

普氏野马

普氏野马是野马的亚种之一，是世界上仅存的野马，但野生种群现已灭绝。它外形似马，但额部无长毛或无毛，尾形成束状，基部短毛，尾端才有长毛。

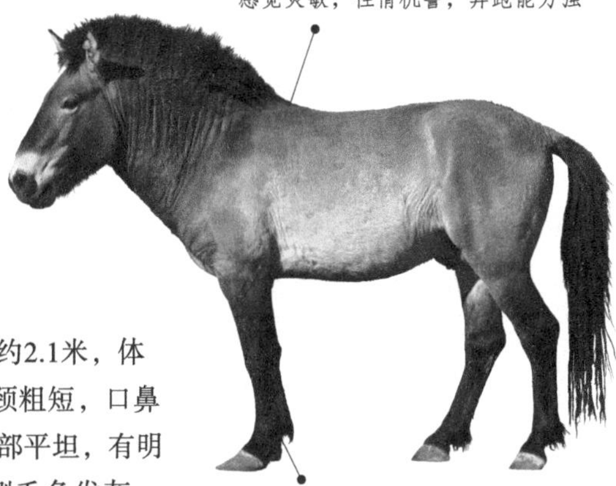

感觉灵敏，性情机警，奔跑能力强

小腿下部呈黑色，俗称“踏青”腿

形态 普氏野马体型健硕，体长约2.1米，体重350千克。头部较大而短钝，颈粗短，口鼻部尖削，嘴钝，口鼻有斑点。背部平坦，有明显深色背线。四肢短粗，腿内侧毛色发灰，常有2~5条明显黑色横纹，蹄高而圆。夏毛浅棕色，两侧及四肢内侧色淡，腹部乳黄色，腰背中央有一条黑褐色的脊中线；冬毛略长而粗，色变浅，两颊有赤褐色长毛。尾基着生短毛，尾巴粗长几乎垂至地面，尾形呈束状，不似家马自始至终都是长毛。

习性 **活动**：善奔驰，营独居夜行游移生活，凌晨、傍晚或夜间出没，以强壮的雄马为首领5~20只结成马群，多在晨昏沿固定的路线到泉、溪边饮水。进食之后常互相清理皮肤，有时打滚、自我刷拭等。休息和睡眠有站立、腹卧和侧卧3种姿势。**取食**：食物主要为禾本科、豆科、菊科、莎草科植物的茎叶。冬天能刨开积雪觅食枯草。饮水量很大，耐渴能力也很强，可以忍受三四天不喝水。**栖境**：海拔700 ~ 1800米缓坡上的山地草原、开阔戈壁荒漠及水草条件略好的沙漠、戈壁。

繁殖 全年均可繁殖，以春夏季为主。雌马的发情周期为22 ~ 28天，持续5 ~ 7天。孕期11~12个月，每胎一仔，3岁左右性成熟。寿命25~30岁。

肩高约1.1米，尾长90厘米

外形似家马，但额部无长毛，耳比家马小而略尖；颈鬃短而直立，呈暗棕色，逆生直立，不似家马垂于颈部的两侧

别名：亚洲野马、蒙古野马、准噶尔野马 | 分布：蒙古、中国 | 濒危状态：EN

非洲野驴 | 科属：马科，马属 | 学名：*Equus africanus* V.&F. | 英文名：African wild ass

非洲野驴

非洲野驴被认为是驴的祖先而往往被分类为同一品种，其实它是马科的一种野生动物，有努比亚野驴和索马里野驴2个亚种。其毛色与家驴相似，耳朵大，眼窝深，蹄痕呈卵圆形，机警敏捷，能在山间自由穿梭，奔跑时速可达50千米。

肩高1.1~1.4米，尾长42厘米

形态 非洲野驴体型比亚洲野驴小，重约275千克，体长2.0~2.2米。耳朵颇大有黑边，蹄较纤小，四肢较细。被毛短少平滑，呈浅灰色至淡黄褐色，但在腹部及脚部很快转为白色。背部有细长的深色斑纹，亚种索马里野驴的脚部有黑色横纹，如斑马一般。前足内侧及脚腕上部没有毛，但有硬得像胼胝一样的东西，前腿内侧有一块黑色圆形裸斑。耳较亚洲野驴长，前腿内侧有一块黑色圆形裸斑。在颈背有竖挺黑色的鬃毛，鬃毛短，肩部有一道黑色横纹，尾尖有穗毛。

习性 **活动**：善于爬山，晨昏较冷时活动，中午较热时会找阴凉处或有遮盖处。在粗糙石山间依然行动敏捷，奔跑时速可达50千米。常10~15头结成小群，由一头机警的雌驴带领。会在领域边界摆放粪堆作为领域标识。**取食**：以沙漠植物为食，对水源要求不高，一次能喝上很多水。**栖境**：东非草原和半干旱的裸岩荒漠地区。

繁殖 秋季交配，翌年夏季产仔，每胎1仔。寿命40年。

性机警，极敏捷，喜结群，耐干旱耐严寒，耐热和烈日暴晒，气温过高时会在一定的范围内改变体温，因而不流汗

在3千米内都能听得见叫声，使它们在空旷的沙漠地区相互联系方便而有效

别名：家驴 | 分布：埃塞俄比亚、索马里 | 濒危状态：NT

西藏野驴 | 科属：马科，马属 | 学名：*Equus kiang* M. | 英文名：Kiang

西藏野驴

西藏野驴有3个亚种，是所有野生驴中体型最大的一种，它们外形似骡，体形和蹄子都较家驴大许多，显得特别矫健雄伟，在当地被称为“野马”。它发现有人接近或敌害袭击时，先是静静地抬头观望，凝视片刻，然后扬蹄疾跑，跑出一段距离后觉得安全了，又停下站立观望，然后再跑。总是跑跑、停停、看看后再跑——是不是很萌啊？

形态 西藏野驴重250~400千克，体长超过2米。雄性个体略大于雌性。头部较短，耳较长并能灵活转动。四肢较粗，前肢内侧均有圆形胼胝体，蹄高而窄，吻端圆钝，颜色偏黑。红棕色是身体大部分的色彩，头顶至背脊部和尾部有鬃毛，耳尖、背部脊线、鬃毛、尾部末端被毛颜色较深，吻端上方、颈下、胸部、腹部、四肢等处被毛污白色，与躯干两侧颜色界线分明，肩胛部外侧各有一条明显的褐色条纹，肩后侧面有典型的白色楔形斑，此斑的前腹角呈弧形，腹部及四肢内侧呈白色。成体夏毛较深。

习性 **活动**：集群活动，雌驴、雄驴和幼驴终年一起游荡生活，随季节短距离迁移。**取食**：喜欢吃茅草、苔草和蒿类；在干旱环境中会找到合适处用蹄刨坑挖出水来饮用，但它极耐干旱，可以数日不饮水。**栖境**：高寒荒漠地带，夏季到海拔5000多米的高山上生活，冬季会到海拔较低的地方。

繁殖 每年7~12月发情交配，每胎1仔，幼仔出生时体重可达35千克，3~4岁性成熟。野生寿命约20年。

肩高132~142厘米
尾长32~45厘米
听觉、嗅觉、视觉均很灵敏，警惕性高，能察觉距离自己数百米外的情况
擅长奔跑，喜欢与汽车赛跑，耐力极好，可以一口气跑40~50千米不休息

别名：藏驴 | 分布：中国青海、甘肃、新疆、西藏和四川部分地区 | 濒危状态：LC

西藏野驴

蒙古野驴 | 科属：马科，马属 | 学名：*Equus hemionus Pallas* P. | 英文名：Kulan

蒙古野驴

蒙古野驴是大型且珍贵的有蹄类动物，有5个亚种。它的外形似骡，对幼仔照顾得很周到，曾有人看到一群野驴过河时一只小驴爬不上河岸，两只大野驴将它架在中间用肩把小野驴推上岸的有趣行为。

肩高约1.2米，尾长约80厘米

具有极强的耐力，既能耐冷耐热，又能耐饥耐渴

形态 蒙古野驴重约250千克，体长可达2.6米。吻部稍细长，四肢刚劲有力，蹄比马小但略大于家驴，耳长而尖，尾细长，尖端毛较长，棕黄色。颈背具短鬃，背中央有一条棕褐色的背线延伸到尾的基部，颈的背侧、肩部、背部为浅黄棕色，颈下、胸部、体侧、腹部黄白色，与背侧毛色无明显分界线。

习性 **活动**：擅奔跑，时速可达45千米，连追捕的狼群都无可奈何。好集群生活，雌驴、雄驴和幼驴终年一起过游荡生活。在夏季，水草条件好和人为干扰少的地方群体会很大。**取食**：以禾本科、莎草科和百合科草类为食。喜欢吃茅草、苔草和蒿类。冬季吃积雪解渴。**栖境**：典型荒漠动物，生活于荒漠或半荒漠地区，多栖息于海拔3000~5000米的高原亚寒带，夏季到高山上生活，冬季则到海拔较低的地方。

繁殖 每年8~9月发情交配，孕期约11个月，每胎1仔。

由于“好奇心”所致，常常追随猎人，前后张望，大胆者会跑到帐篷附近窥探，不过这也给自身带来灾祸

视觉、听觉和嗅觉敏锐，能察觉距离自己数百米外的情况，警惕性高

叫声像家驴，但短促而嘶哑

别名：骞驴 | 分布：中亚及西亚各国，中国内蒙古、甘肃和新疆 | 濒危状态：EN

马来貘 | 科属：貘科，貘属 | 学名：*Tapirus indicus* D. | 英文名：Asian tapir

马来貘

马来貘有5个亚种，其长相十分奇特，身躯似熊，鼻似象，耳似马，足似虎，尾似牛，又名“五不像”，全身毛色黑白相间，除身体中后部为白色外都是黑色，主要以竹子为食，也吃树枝和树叶。

形态 马来貘是貘类中最大的一种，重250~540千克，体长1.8~2.5米。皮很厚，全身被毛由黑白两色、整齐洁净的短毛组成，身体的中、后部为灰白色，其他部位均为黑色。身体肥壮滚圆，脖子粗壮，头、鼻部比猪大得多，鼻吻部延长、突出呈圆筒形，柔软而下垂，能自由伸缩，比猪的鼻吻部要长、大得多。眼睛很小，耳朵大而竖立，呈长圆形，中间还长有一撮鬃毛。四肢粗壮，前肢具4指，其中一指显著大于其他各指，后肢具3趾。尾巴极短。

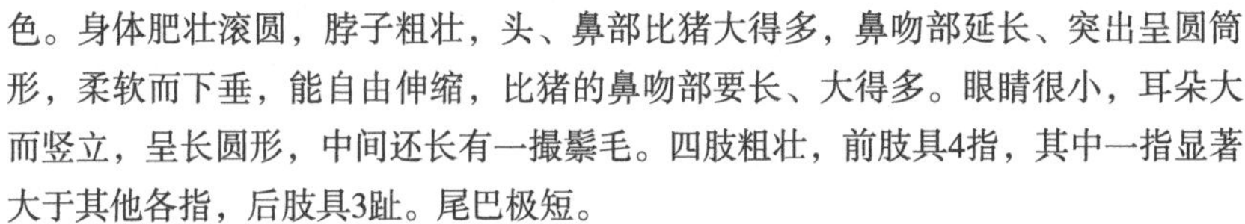

习性 **活动**：行动敏捷，但性情孤僻，大多独自在林中游逛，也有2~3只的小群。夜间出来活动，白天躲在阴暗处休息。擅奔跑、爬山、滑坡等，走路时鼻吻部几乎贴着地面。**取食**：靠嗅觉觅食，以多汁植物的嫩枝、树叶、野果特别是水生植物为主要食物，能巧妙地运用长鼻子卷摘食物，每天能吃约9千克食物。**栖境**：各种森林、低海拔热带雨林和海拔2400~4500米的热带丛林、沼泽地带，包括低地和高山森林、高山云雾林、高山灌丛和开阔草地，一般选择接近水源的地区。

繁殖 一夫一妻制，平均每年一胎，每胎1仔，偶产2仔。5~6月发情交配，孕期13~13.5个月。

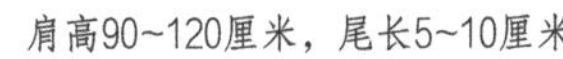

肩高90~120厘米，尾长5~10厘米

性情胆小、羞怯而和善；喜水，常待在水中或泥中

别名：亚洲貘 | 分布：马来半岛、苏门答腊、泰国南部和缅甸南部 | 濒危状态：EN

南美貘 | 科属：貘科，貘属 | 学名：*Tapirus terrestris* L. | 英文名：SA tapir

南美貘

南美貘是南美洲最大的野生陆地动物，能游善跑，在崎岖山地也能奔走自如。其鼻子甚是可爱，平时下搭于下嘴唇上，会上翘鼻子来表达情绪，有动物园里南美貘舞动鼻子卖萌逗乐游客。

肩高0.7~1.1米，尾长5~10厘米

形态 南美貘重180~250千克，体长达1.7~2.1米。毛短而光滑，呈深褐色，腹部色淡，颈部及耳缘白色，由头顶至颈背有一道短而直立的短鬃毛，带黑色。头长吻尖，上唇比下唇长，鼻突出开口于吻端，平时下搭，能上翘表达情绪，眼小，耳短圆，尾短而粗，四肢强健有力，前蹄三大一小共4指，后蹄3趾。幼兽有纵行白纹和斑点斑纹。

习性 **活动**：独居夜行，雌雄兽仅在交配期一起活动1~2周。能游善跑，白天于林中活动，傍晚于湖、河边嬉水。**取食**：南美貘是草食性动物，以各种多汁的水生植物和其他草类为食，它们利用灵活的吻来吃草、叶子、芽、嫩枝等，也盗食农田的瓜果和根叶。**栖境**：南美貘栖息在南美洲亚马逊雨林及亚马逊盆地近水区域、河流或湖泊的沿岸，也有些生活在高山。

繁殖 繁殖期不固定，孕期11.5~13个月，每胎1仔，出生时幼仔身上有黄色斑点和条纹，6个月断奶，4~5岁性成熟。寿命20~25年，人工饲养个体有达35年。

性温和，对人的抚摸表现出驯服乖巧，但警惕性很高，视觉、听觉、嗅觉都很灵敏

擅游泳，受惊时会走入水中，也喜欢在泥潭里打滚

天敌主要是鳄鱼及大型猫科动物，如美洲豹及美洲狮

别名：巴西貘、低地貘 | 分布：南美大陆 | 濒危状态：VU

白犀 | 科属：犀科，白犀属 | 学名：*Ceratotherium simum* B. | 英文名：White rhinoceros

白犀

上唇宽平，呈方形

白犀有南白犀和北白犀2个亚种。它体大威武，形态奇特，是仅次于非洲象、亚洲象和非洲森林象的现存第四大陆生动物，也是现存体型最大的犀牛，堪称“犀牛之王”；它也是现存犀牛中最进化、智力最高、出现最晚的，大脑重达360克。

形态 白犀重1.3~3.6吨，体长3.4~4.2米。体躯浑圆粗壮，皮肤光滑，皮厚3~4厘米，没有大褶和皱纹形成的甲胄，只有耳边和尾端才有毛，头部特长，约为120厘米，眼睛很小，生于头侧，管道状耳朵可以旋转，听觉较灵敏，嘴里的颊齿有非常厚的石灰质层。

习性 **活动**：晨昏和夜间活动，白天则在茂密的丛林或草丛中休息。喜欢在泥泞的水池和沙质河床上打滚，会用尿液或粪便来标识自己的领域。奔跑时速可达40千米。雌性和幼仔通常组群活动，3~5只或10~20只，成年雄性多为独居。**取食**：唯一食草的犀牛物种，几乎全部以短草为食。**栖境**：热带和亚热带草原、（亚）热带稀树草原和灌丛地区，栖息地比较平坦，草场和水源丰富，有灌木掩护。

繁殖 全年均可交配，每胎1仔，雌性平均3年生产一次，孕期约547天，幼仔3个月便会啃咬草皮，哺乳期约1年。6~9岁性成熟。寿命为35~45年。

两只角前后排列，是所有犀牛中最长的，最高纪录为158.7厘米，细长如鞭，高高耸立，前角通常较长而稍向后弯曲，长60~90厘米，后角较短，长约50厘米，雌兽的角较雄兽的更长；它的角是上皮组织的衍生物，由角质纤维堆积而成，而不是骨质的，所以是长在皮肤上，而不是骨头上，但十分坚硬和锋利，是其自卫和进攻的有力武器

肩高1.6~2.1米，尾长55~65厘米

性情温和，听觉、嗅觉灵敏，视力较差

别名：白犀牛、方吻犀、宽吻犀 | 分布：非洲中部、南部、东部 | 濒危状态：NT

黑犀 科属：犀科，黑犀属 | 学名：*Diceros bicornis* L. | 英文名：Black rhinoceros

黑犀

听觉和嗅觉灵敏，但视力差，胆小，爱睡觉，喜泥水浴

黑犀有7~8个亚种。它是十分粗野的动物，但胆小，喜欢泥水浴，鼻上有两只角，前后排列，前角较长；吻部尖，上唇可以伸缩卷曲，取食时非常方便。

形态 黑犀重0.9~3吨，一般1.4~2.2吨，体长2.8~4.0米。皮厚无毛，特别坚硬，不能出汗调节体温，褶缝里的皮肤十分娇嫩，常在稀泥中打滚以降体温和保护身体防止昆虫叮咬，灰色的皮肤由于污泥而呈现黑色。脚短身肥，眼小，无下门齿。明显特点是吻部尖，鼻骨的一个突起上长有两只角，纵向排列，前角较长，70~90厘米，最长可达1.5米，后角不足40厘米。上唇长，并有伸缩卷绕性，在取食时能用来剥枝条上的叶子。

习性 **活动**：晨昏觅食，白天在树荫下休息。成年黑犀为独居动物，仅交配时在一起生活，雄犀有一定势力范围，用尿液标记领域。奔跑时速达52千米。**取食**：以树叶、灌丛、落地果实和杂草为食，每天至少喝一次水。**栖境**：近水源的林缘山地。

繁殖 全年均可繁殖，孕期440~470天。每胎一仔，断奶期为2年。雌性5年性成熟，雄性则需7年。野生者平均寿命为35~50年。

肩高1.3~1.9米，尾长约70厘米

性情极为暴躁粗野，以大声喷鼻和用脚掌拍打地面来表达自己的不满情绪，有时会攻击车辆和人

别名：尖吻犀 | 分布：肯尼亚、坦桑尼亚、纳米比亚 | 濒危状态：CR

印度犀 | 科属：犀科，独角犀属 | 学名：*Rhinoceros unicornis* L. | 英文名：Indian rhinoceros

印度犀

成年印度犀的体重可达4吨，是体形仅次于亚洲象、体重仅次于河马的陆生大型哺乳动物，现仅生长于尼泊尔、印度、巴基斯坦、孟加拉国、不丹五国，分布范围相对偏小，只有一种，没有形成亚种。

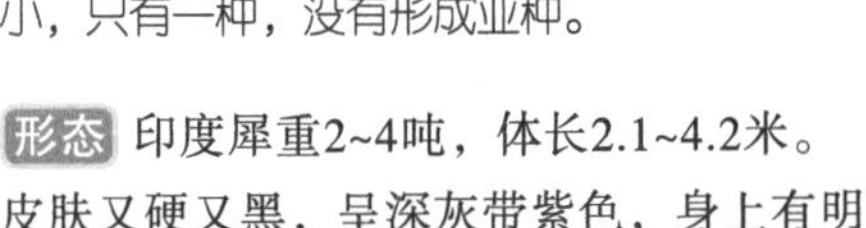

形态 印度犀重2~4吨，体长2.1~4.2米。皮肤又硬又黑，呈深灰带紫色，身上有明显的皮褶。雄性鼻子前端只有一只角，又粗又短，被称为“大独角犀牛”。角底盘较大，长圆形，前窄后宽，形如龟背，长13~20厘米，灰黑色或灰棕色，向外边逐渐变浅，呈灰棕色或灰黄色，底面凹入3~6厘米，称“窝子”，底面还布满鬃眼状圆点，即“沙底”。角质坚硬，但可纵向劈开，纵剖面有明显的顺直粗丝，纹理清晰，不断裂，不牵连，无绞丝。

习性 **活动**：单独生活，晨昏活动，擅游泳，奔跑时速可达55千米。**取食**：在清晨和傍晚觅食，喜食草、芦苇和细树枝等。**栖境**：高草地、芦苇地和沼泽草原地区。

繁殖 孕期17个月，2~4月底生产，每胎1仔。新生幼犀体长1~1.2米，重约65千克，幼犀每天可增重2~3千克。约两岁断乳，雌犀3~4岁成熟，雄犀7~9岁成熟。寿命可达50年。

皮上有许多圆钉头似的小鼓包，在肩胛、颈下及四肢关节处有宽大的褶缝，使身体看起来像是披着一层厚厚的铠甲，皮褶之间的皮肤很细嫩，几乎每天都进行泥浴以防蚊虫叮咬
皮入药可祛风解毒；角可以解毒，还可以制作象征贵族气派的“将比亚”刀把、剑柄，“贵比黄金”

别名：独角犀、大独角犀 | 分布：尼泊尔和印度东北部 | 濒危状态：VU

PART 4

122~159页

偶蹄目

牛 | 科属：牛科，牛属 | 学名：*Bos taurus* L. | 英文名：Cattle

牛

牛是驯化的有蹄类动物最常见的类型，分布十分广泛，在农耕时代常被饲养用来代替人力耕田，并是家庭财富的代表，在现代社会常被饲作肉用或奶用。在印度，牛常被视作“神牛”。2009年，牛成为最早被绘制出基因图谱的动物。

著名的反刍动物，进食时食物往往没有被咀嚼，而是直接进入胃内存储，直到安静时继续反刍咀嚼并消化

形态 牛体型大，头部略粗重，角形不一。体质粗壮，结构紧凑，肌肉发达，四肢强健，蹄质坚实。被毛黄褐色或黑色，也有杂色的，毛短。

习性 **活动**：性情温顺，适应性强，放牧性能好，喜成群活动和群居，白天觅食，黄昏回畜栏休息。**取食**：鲜草、植物枝叶、干草和粗饲料。**栖息**：主要是人工养殖，牧场、畜棚。

繁殖 全年均可繁殖，一般每年一胎，每胎通常产仔1只，少数2只。产后2~3个发情期配种。

别名：土畜 | 分布：韩国、印度、缅甸、泰国、老挝等 | 濒危状态：LC

野牦牛 科属：牛科，牛属 | 学名：*Bos mutus* L. | 英文名：Wild yak

野牦牛

野牦牛是家牦牛的祖先，曾广泛分布，现仅存于青藏高原上。它硕大的体格、从容不迫的风度，显示一副端庄、憨厚的模样，具有耐苦、耐寒、耐饥、耐渴的“四耐”本领，对高山草原环境条件有很强适应性。

肩部中央有显著隆肉，站立时显得前高后低

体侧下方和腿部浓密的长毛几乎垂到地上，形成一个围帘，可遮风挡雨

形态 野牦牛重500~600千克，有达1吨以上，体长2.0~2.6米。身被长毛，黑褐色，吻周、嘴唇、脸面及脊背一带灰白色。尾色纯黑，也有呈褐色。头狭长，脸面平直，鼻唇面小，舌生肉刺，耳相对小，颈下无垂肉，四肢粗壮，蹄大而宽圆，但蹄甲小而尖，似羊蹄，坚硬有力。足掌下柔软角质使其在陡峻高山上行走自如。雌雄均有角，圆锥形，表面光滑，先向头两侧伸出，再向上、向后弯曲，雄性角明显比雌性的大而粗壮。

习性 **活动**：擅奔跑，时速可达40千米。夜间和清晨出来觅食，白天则进入荒山峭壁上站立反刍或者躺卧睡眠、休息。喜群居，通常20~30头聚群活动，有时也200~300头结成大群，个别雄性个体常单独生活，于夏季离群而去。年老的野牦牛一旦离开群体，会终生单身生活。**取食**：草食性。禾本科和莎草科植物是主要食物，喜欢吃柔软的邦扎草，夏季用牙啃，冬天用舌头舔。**栖境**：海拔3000~6000米的高山草甸地带、高山大峰、山间盆地、高寒草原和高寒荒漠草原等。

繁殖 9~11月发情交配，孕期240~250天，每胎1仔。3岁时性成熟。寿命23~25年。

叫声似猪，在产地又被称为“猪声牛”，藏语中称为“吉雅克”

典型的高寒动物，性极耐寒，粗短的气管、大间距的软骨环使其能够很好地适应高海拔、低气压、少氧量的高山草原大气条件

凶猛善战，一般不主动进攻人，嗅觉十分敏锐，遇险时雄性首当其冲保护幼小个体

别名：亚归 | 分布：新疆南部、青海、西藏、甘肃西北部和四川西部 | 濒危状态：VU

水牛 科属：牛科，水牛属 | 学名：*Bubalus bubalus* K. | 英文名：Water buffalo

水牛

蹄大，质地坚实，耐浸泡，膝关节和球节运动灵活，能在泥浆中行走自如

水牛据外貌和习性分为沼泽型和河流型，据地区分为亚洲水牛、非洲水牛和西非水牛。它皮厚、汗腺极不发达，热时需要浸水散热，故得名水牛。驯养的水牛在亚洲和美洲非常普遍：在亚洲主要用来作为劳动力；在欧洲的意大利、罗马尼亚和保加利亚被用做奶牛或食用牛。

形态 水牛健壮肥硕，重1.0~1.2吨，皮厚，被毛短而稀疏。亚洲水牛较大，体长2.5~3米，耳郭较短小，头额部狭长，角细长，背中线毛被向前。非洲水牛耳大而下垂，头部短宽，背中线毛被向后，背部平直，角较粗大，全身黑、棕或赤黄色。菲律宾水牛是一种小水牛，被毛灰黑或暗褐色。沼泽型水牛体躯粗重矮壮，身短腹大，毛色深灰色或瓦灰色（石板青色），有颈纹胸纹，四蹄灰白色，头短、额平，脸短、嘴和鼻镜宽阔，角向后弯曲成半月状，尾短，尾帚不发达。河流型水牛体躯较长，后躯较前躯发达，体形略呈楔形，头、脸较长，额稍隆起，角向上形成螺旋形弯曲，尾长过臀部，尾帚发达，被毛通常为黑色，前额、颜面有时出现小块白毛，尾帚白色。

习性 **活动**：常在池塘中浸泡、打滚、散热和防止昆虫叮咬。**取食**：食草、叶子、水生植物。**栖境**：丛林、竹林或芦苇丛中。

繁殖 一夫多妻制，热带地区的雨季为繁殖季，通常是10~11月，雌牛每2年产一胎。水牛孕期是牛科中最长的，300~340天。雌性1岁半性成熟，雄性为2岁。野生水牛寿命是约12年。

家水牛汗腺不发达，约为黄牛的1/6，因而热的调节机能差

性情温顺易管理，喜水，感官敏锐，嗅觉发达

根据外貌和习性不同，水牛可分为沼泽型和河流型两大类型，前者是东南亚地区的主要役畜，后者在印度和巴基斯坦有的已形成乳用品种

别名：印度水牛 | 分布：印度、尼泊尔、不丹和泰国以及欧洲、美洲和北非 | 濒危状态：LC

羚牛

羚牛并不是牛，它属于牛科羊亚科，分类上近于寒带羚羊，数量稀少，有4个亚种，中国均产。它是世界公认的珍贵动物之一，仅产于中国、印度、尼泊尔、不丹和缅甸五个国家，中国是羚牛资源最丰富的国家，但仅存数千头。羚牛是不丹的国兽，在不丹被叫做“塔金”。

形态 羚牛体形粗大，雄性重达400千克，有达1吨。四肢粗壮，尾较短，吻鼻部高而弯起，似羊。雌雄均具扭曲状短角，约20厘米，角尖光滑。被毛厚密，全身毛色为淡金黄色或棕褐色，老幼有异，随产地由南向北逐渐变浅，有遍体白色或黄白色者。颌下和颈下长着胡须状长垂毛。

习性 **活动**：夜行性，黄昏和夜间觅食，白天隐匿于竹林、灌丛中休息。喜群居，每群20~30头，多至50头。**取食**：草食性，林下生长的灌木、幼树、嫩草及一些高大乔木的树皮都是其美味佳肴。**栖境**：高山动物，常栖息于高海拔（2500米以上）的高山悬崖、森林、草甸地带，冬季迁移至2500米以下的针叶林中多岩区。

繁殖 7~8月交配，孕期8~9个月，每胎1仔。平均寿命12~15年。幼仔稍大时雌性把“儿女”放在一个“扭角羚幼儿园”里，由一头扭角羚照管，自己外出觅食和进行其他活动。

常上下往来于群山之中，纵横于悬崖峭壁之间，如履平地
体形粗壮如牛，性情粗暴如牛，叫声似羊，头小尾短，又像羚羊，故名“羚牛”；角似牛角，粗而弯向两侧，然后向后上方扭转，角尖向内，呈扭曲状，故又名“扭角羚”

别名：扭角羚 | 分布：中国西南、西北及尼泊尔、不丹、印度、缅甸 | 濒危状态：VU

绵羊 | 科属：牛科，绵羊属 | 学名：*Ovis aries* L. | 英文名：Sheep

绵羊

绵羊是一种偶蹄类反刍哺乳动物，它躯体丰满，体毛绵密，生性温和，羊毛应用广泛，羊肉鲜嫩畅销，有较高经济价值。依据其尾型不同可分为细短尾羊、细长尾羊、脂尾羊和肥臀羊四种，依据类型差异分为细毛羊、半细毛羊、粗毛羊、裘皮羊、羔皮羊、乳用羊和肉用羊七种。

温顺怯懦，合群性强，喜干燥清洁，惧严寒潮湿，嗅觉灵敏，采食能力强

公羊具螺旋状大角，既美观又有威严感，母羊则无角或具有很细小的角

形态 绵羊身广体胖，雌雄个体略有差异。母羊体重45～100千克，公羊体重45～160千克。它头部较短，面部无毛，鼻骨隆起，嘴尖唇薄。毛白色，冬季密且长，绒较多，有很好的保温效果，夏季脱毛，维持身体较好的体温。尾部和臀部往往积聚脂肪，显得十分膨大，四蹄均有指（趾）腺。

习性 **活动**：羊群出入圈、过桥、过河或通过其他狭窄地域时，往往会在“头羊”的领导下依次通过，因而其群体虽大，但秩序井然。**取食**：可取食短草，也能消化粗硬的树枝或秸秆等。**栖境**：对生活环境适应力较强，喜欢聚群，其生活场所要求保持干燥清洁，且具有挡风和避雪的能力。

繁殖 季节性繁殖，在日照较短、气温降低的9～11月交配，一个群体往往只与单一公羊交配，发情周期约17天，妊娠期142～155天，每胎1～3只，出生时体重3.5～4.5千克。公羊4～6个月达到性成熟，母羊6～8个月达到性成熟，一生可繁殖6～8年，寿命为10～15年。

通过叫声进行交流，如“隆隆”声暗示在求爱，“咕隆咕隆”声说明母羊在分娩，遇见危险时，会听到痛苦的“咩咩”声

别名：不详 | 分布：现广布于世界各地 | 濒危状态：LC

藏羚羊

藏羚羊生活于海拔较高、人烟稀少、气候恶劣的高寒地区，被称为“可可西里的骄傲”，为我国一级保护动物。

形态 藏羚羊为中型羚羊，雌雄个体差异显著。雄性平均肩高约83厘米，体重约39千克，雌性肩高约74厘米，体重为26千克。雄性个体头、颈及周围均呈淡褐色，夏季颜色深而冬季相对较浅，腹部呈白色，面部和腿部均有明显的黑斑，雌性个体皮毛呈黄褐色，腹部也为白色。成年雄性具又长又直的尖角，角尖处平滑，略向内弯，角长54～60厘米。耳朵短而尖，每个鼻孔具1小囊，为适应高原环境辅助呼吸的特定构造；四肢强健且匀称；尾较短，约13厘米。皮毛独特，具长毛和短绒毛。

习性 **活动**：活动较复杂，有些个体喜欢长期居住一地，有些个体喜欢迁徙。成年雌性往往和其后代从冬季交配到夏季产仔迁徙行程约300千米。年轻雄性离开原先群落，会同其他个体待在一起，直至形成一新的混合群落。耐恶劣环境，早晚觅食，善于奔跑。**取食**：清晨和傍晚觅食，食物匮乏的冬春季节觅食时间会延长，食物主要是杂草和莎草等，冬天经常挖雪寻找食物；夏季食物充裕时多在湖边、河边等荫凉低凹处休息。**栖境**：高原草甸、草原、荒漠和高寒荒漠等人烟稀少、生态较差的区域，海拔多在3500～5200米，其中4000～5000米的高原地区居多。

繁殖 多在11～12月交配，妊娠期约6个月，次年6～7月上旬产仔，每胎往往仅1只幼仔，幼仔早熟，出生15分钟即可站立，15个月可长大至成年个体。雄性个体往往12个月内离开群体，3岁达到性成熟，野外条件下可存活10年。

迁徙行为与其繁殖方式密切相关，
多数个体喜欢长途迁徙，集中产仔
天敌包括狼、猞猁、雪豹和
热衷藏羚羊幼体的红狐狸

别名：长角羊 | 分布：西藏、青海和新疆，西至印度中部 | 濒危状态：EN

藏羚羊

山羊

羊角细长，向两侧开张
多数在下颌有较长鬃毛，似胡须

全球有150多个山羊品种，可以分为奶山羊、毛山羊、绒山羊、毛皮山羊、肉黑山羊和普通地方山羊。中国劳动人民在一千多年前就开始饲养山羊，它繁殖率高、适应性强且易于管理，至今在中国广大农牧区广泛饲养。它喜洁净干燥，因此羊场应在干燥、通风、向阳处，草料要少给勤添，饮水要保持清洁卫生。

形态 山羊按其经济用途分为乳用型、肉用型、绒用型，各类间体形差异较大：乳用山羊楔形体形，轮廓鲜明，产乳量高，奶品质好；肉用型山羊具有肉用家畜的“矩形”体形，体躯低垂，全身肌肉丰满，细致疏松型表现明显；绒用山羊体表绒、毛混生，毛长绒细，被毛洁白有光泽，体大头小，颈粗厚，背平直，后躯发达，产绒量多，绒质好。

习性 **活动**：山羊有较强的合群性，喜欢登高，善于游走，爱角斗。白天觅食，清晨和黄昏采食量大，其他时间则反刍、休息。合群性很强，年龄大、后代多、身强体壮的山羊担任“头羊”角色，其他羊顺从地跟随。**取食**：杂食性，食百样草，采食牧草、灌木枝叶、作物秸秆、菜叶、藤蔓等。在荒漠、半荒漠地区，牛不能利用的多数植物山羊也能有效利用。**栖境**：草原、林地、田园，多人工饲养 。

繁殖 性成熟早，繁殖力强，每胎可产羔2~3只，多胎性使其繁殖效率大于绵羊。

嗅觉高度发达，凡是有异味、沾有粪便、腐败或被践踏的食物和被污染的饮水，宁愿受渴挨饿也不采食
勇敢活泼，机智敏捷，喜清洁、爱干燥，厌恶污浊、潮湿

别名：悬羊 | 分布：温带草原、山地等干燥区域，人类也有驯养 | 濒危状态：LC

 科属：牛科，高鼻羚羊属 | 学名：*Saiga tatarica* L. | 英文名：Saiga antelope

高鼻羚羊

高鼻羚羊因鼻部特别隆大而膨起，故名，有俄罗斯亚种和蒙古亚种。在我国内蒙古西部、新疆北部的野生种已绝灭，目前生存的多数是人工养殖。

角基本竖直，角尖稍向前弯，呈钩状，上面有11~13个棱状环节；角呈琥珀色的半透明状，透过阳光可看到角尖内有血丝和血斑样影

形态 高鼻羚羊体型中等，体长1.2~1.7米，雄性重37~60千克，雌性略小。四肢较细，鼻骨高度发育并向下卷曲，鼻孔内布满毛、腺体和黏液管，每个鼻孔中均有一特殊具黏膜的囊，可增加吸入体内空气的温度和湿度，以适应高原寒冷环境。腹、尾、臀部白色。夏毛短而平滑，呈淡棕黄色；冬毛浓密且长，几乎全身都是白色或污白色。雄性的颊部、喉部和胸前都长着长毛。

习性 **活动**：夏季晨昏活动，冬季白天活动。善于奔跑，时速可达60千米，新生5~6天的幼体奔跑时速也可达30~35千米。常10余只结成小群生活，有时形成数百甚至上千只的大群迁移。**取食**：草类及低矮灌木，包括许多有毒或含盐碱的种类。极耐渴，缺乏青草的干旱情况下才寻找水源。**栖境**：荒漠、半荒漠地带。

繁殖 一夫多妻制，当年生下的幼羚85%左右都加入繁殖，老羚羊96%参加繁殖。孕期4~5个月，每胎1~3仔，一般2仔。11~12月发情交配。

嗅觉、视觉非常灵敏，可用嗅觉察知天气变化，又可靠视觉见到1千米以外的敌害
雄性具角，角长26~37厘米；雌性无角

别名：大鼻羚羊 | 分布：俄罗斯 | 濒危状态：CR

大驼羊 | 科属：骆驼科，羊驼属 | 学名：*Lama glama* L. | 英文名：Llama

大驼羊

大驼羊在印加文明之前被当作运输工具，可以背负重物行走几里路。羊驼绒毛也深得古印加皇室贵族的青睐，皇族和高官的衣物多用羊驼纤维来织造。

形态 大驼羊是体型最大的羊驼属动物。头高1.7~1.8米，肩高1米左右，体重130~200千克。脑腔及眼窝较大，头颅脊突较小，鼻骨较短且阔，并与前颌骨连接；面颊长，吻部突出，口鼻宽阔；耳朵细长，微微向前弯，耳基窄，耳端尖。牙齿共有32颗，门齿长且扁平。四肢修长，足窄双蹄。尾巴短小；体表覆盖毛发，毛长且柔软；头部毛短，眼部为黑色，口鼻颜色较深；体表颜色一般为白色、褐色或黑白斑，有些个体为灰色或黑色。

习性 **活动**：群居，对人类友善，通过打斗来确定在群体中的地位，包括吐口水、用胸部互相推撞、用颈来摔跤及互踢，令对方跌倒，雌性会以吐口水来控制其族群成员。**取食**：草食性，也吃树叶，不会过度摄食，对水的需求量较少。**栖境**：原始栖息地为南美的安第斯山脉，对环境适应能力强，栖息在山地、林地边缘等地区。

繁殖 无发情期，雌性为诱导性排卵，交配时雌性才会排卵，通常会立即受精。交配方式为卧下交配，这在大型动物中较少见。交配过后雌性若已受孕，会向靠近的雄性吐口水甚至发出攻击；若未成功会卧下准备交配。妊娠期11~12个月，刚出生的幼仔体重9~14千克，雌性幼体约12个月大性成熟，雄性约3年性成熟。寿命为15~20年，有的个体能活到30年。

别名：美洲驼、羊驼 | 分布：南美洲 | 濒危状态：LC

 科属：牛科，盘羊属 | 学名：*Ovis orientalis orientalis* B. | 英文名：mouflon

欧洲盘羊

欧洲盘羊最明显的特征是红棕色的长毛，冬季会褪色；雄性有着大大的角和从颈部延伸到胸部的"黑领子"。

形态 欧洲盘羊体型小，似绵羊；体长0.9米左右，肩高70厘米，雄性体型比雌性大，雄性体重50千克左右，雌性体重35千克左右。头短，鼻骨隆起；嘴尖、唇薄而灵活，利于采食短草；耳朵细、短，耳端尖；雄性多有螺旋状大角具有威慑性，雌体无角或角细小。身体被覆毛发；头部口鼻处、四肢、腹部为白色；体色呈浅红褐色；雄体背部有浅色马鞍形斑块。

习性 **活动**：喜欢在山地岩石间活动觅食，除繁殖期外公羊和母羊分开居住。**取食**：草、嫩枝叶。**栖境**：一般栖息在陡峭的山地森林；在冬季会迁移到低海拔地区。

繁殖 每年9月发情，公羊会选择四五只母羊交配。妊娠期约5个月，每胎一仔。

母羊的角比公羊的要小，矫健的体型十分适合在山地岩石间跳跃

别名：不详 | 分布：欧洲 | 濒危状态：VU

欧洲盘羊

羊驼 | 科属：骆驼科，小羊驼属 | 学名：*Lama pacos* L. | 英文名：Alpaca

羊驼

性情温驯，伶俐而通人性

羊驼既像骆驼又像绵羊，大眼睛，竖尖耳朵，细长颈，是中国网民恶搞的十大神兽之一“草泥马”的原型。它的毛以质量与色泽独一无二而著称。其韧性为绵羊毛的两倍，无毛脂，杂质少，净绒率达90%，制成时装轻盈柔软，穿着舒适，垂感好，不起皱，不变形。

形态 羊驼体型较大，体重55~65千克，头体长度1.2~2.3米，肩高0.9~1.3米。头似骆驼，鼻梁隆起，脖颈细长，没有驼峰，蹄肉质，走路姿态与骆驼雷同，胃里也有水囊，可以数日不饮水。毛长达到20~40厘米，纤维长而卷曲，细度达到15~20微米，光亮而富有弹性，白色、驼色和两者混杂色。尾长15~25厘米。

习性 **活动**：每群十余只或数十只，由1只健壮的雄驼率领。**取食**：以高山棘刺植物为食。**栖境**：曾广泛分布于南美大陆，从热带海岸到高寒山地，凡是有人的地方就有羊驼。一般生活在-22~-18℃的气温环境中，栖息于海拔4000米的高原，对于高海拔和干旱沙漠地区有很好的适应能力，兼备牦牛和骆驼的优势。在温带、亚热带海洋性湿润气候的环境中也能很好地生长发育；在低海拔牧区是秸秆利用率最高的家畜。

繁殖 春夏两季皆能繁殖。孕期11.5个月，每胎1仔。发情季节争夺配偶十分激烈，每群中仅容1只成年雄驼存在。

四肢很细，蹄尖锐而细长，脸细长，耳尖而竖立，大眼睛，短尾，细长毛，有点像绵羊

被毛形成很大的卷，在身体两侧呈现波浪形披覆，
轻柔而富有弹性，可制成高级毛织物

别名：驼羊 | 分布：秘鲁、智利、澳大利亚、玻利维亚、厄瓜多尔 | 濒危状态：LC

斑羚 ▶ 科属：牛科，鬣羚属 | 学名：*Naemorhedus goral* H. | 英文名：Himalayan goral

斑羚

二角由头部向后上方斜向伸展，角尖略微下弯，远端尖而角面光滑，越往基部隆起的角环越加明显，角表面有许多条沿角纵轴的细形凹线

斑羚有6个亚种，外形似家养山羊，身体健壮，四肢粗短，体毛丰厚，属于高山动物，常出现在孤峰悬崖之上。

形态 斑羚体形较小，重35~42千克，体长约1米。颌下无须，吻鼻端裸露的面积较大，向后伸到鼻孔的后角，耳窄而直立，眶下腺退化，仅在其处有一小块裸皮。具足腺，蹄狭窄。雌雄两性均具角，角细短。体毛丰厚，冬季绒毛甚发达，底绒均为灰色，体毛一般为棕褐色，也有深灰色、棕褐色。背部具不太长的鬃毛，在背中央自枕部、颈部到尾有一条黑褐色带，四肢的毛较长，腿毛可达蹄上。

习性 **活动**：善跳跃和攀登，在悬崖绝壁和深山幽谷间奔走如履平川，也能纵身跳下10余米深的深涧而安然无恙，但在水平方向最多能跳出5米多远。一般数只或10多只一起活动，范围不超过林线上限。**取食**：草食性，吃草、树叶等。**栖境**：林栖，栖息地林密谷深、陡峭险峻，从亚热带至北温带地区的山地针叶林、山地针阔叶混交林和山地常绿阔叶林均见。

繁殖 冬季交配，翌年夏季产仔，每胎1仔，偶产2仔，孕期约6个月，哺乳期2个月，幼羊惯称羔羊。寿命约10年。

性机敏，孤独
常在密林间的陡峭崖坡出没，并在崖石旁、岩洞或丛竹间的小道上隐蔽

▶ 别名：青羊、岩羊 | 分布：喜马拉雅山及兴都库什山脉的森林 | 濒危状态：NT

貂羚 | 科属：牛科，马羚属 | 学名：*Hippotragus niger* H. | 英文名：Sable antelope

貂羚

貂羚以羚角“珍贵”为荣，也因“珍贵”而损

貂羚是一种类似马的羚羊，有4个亚种，因其体形像马，体色黑色或黑褐色，故又名黑马羚。它体态优美，颈部强壮，羚角因属于稀世珍品，引来很多偷猎活动。

形态 貂羚重190~270千克，体长1.9~2.6米。雄性体型大于雌性。耳长而尖，竖立，四肢强健有力。颈背部粗鬃毛发直立，细长的尾上也有鬃毛。眉、嘴及鼻部有白色条纹，面颊、腹和臀部为白色，雌性体色为栗色或深褐色，雄性为黑色。

习性 **活动**：白天活动，天热时活动能力下降。集群，10~30只雌性和幼仔聚居生活，在良好栖息地族群可达30~75只雌羚及幼羚，有时多达上百，由一头成年雄性带领。旱季时族群组成大群体，惯于蹲坐在同一片草地一周以上，只有在找寻饮水或避阳时方离开；雨季时会分成几个小群体。族群一般会一直迁移，一天约行1.2千米。**取食**：以中等长度的草、树叶和水果为食。**栖境**：热带森林和草原地区。

繁殖 雄性通过打斗来争夺交配权。每年5~7份交配繁殖，孕期8~9个月，每胎1仔，哺乳期6~8个月。新生仔出生两周后即可自立。雌性2~3岁性成熟，雄性5岁性成熟，三四岁时被赶出族群另觅新家。寿命14~19年，人工饲养时可达25年。

雌雄均有角，其尖角向后方弯曲，如镰刀一般，有无数棱状环节，雌性角长可达1米，雄性的角更长，可达1.5米，犄角毫无疑问是貂羚自保和争夺权力的最有力工具

肩高1.1~1.5米，尾长40~75厘米

别名：黑马羚 | 分布：非洲南部，东非大草原 | 濒危状态：LC

马羚

从颈部到后背有短而直立的鬃毛，颈部有长鬃毛，灰色至黑色

马羚与貂羚和已绝灭的蓝弯角羚近缘，体型大而略似马，角长，有些种类适应干旱地区生活。由于农业发展和非法捕杀使其数量有所下降，但总体数量较多。

形态 马羚是羚羊中体型最大的种类；头体长190~240厘米，尾长37~48厘米，肩高130~140厘米；雄性体型较大，体重242~300千克，雌性体重223~280千克。双耳修长而尖，耳端毛发呈深棕色；长有镰刀般长角；面部狭长，眼周、口鼻部为白色，面部其他部位为黑色。全身被覆毛发；体色呈浅红灰至浅褐红色；腹部两侧黄白色；尾巴呈黑色。

习性 **活动**：群体生活，一只雄性与约15只雌性组成群体。晨昏活动觅食，白天躲藏到植被茂密的森林中，警惕性不强。奔速可达每小时57千米。**取食**：草食性，以植物叶子为食。**栖境**：非洲南部和中部的热带、亚热带、稀树草原和灌丛地区，栖息地距离水源较近；有极少数分布在中东地区，有些种类适应了干旱地区的环境。

繁殖 全年均可，雌性在幼体出生2~3周后进入发情期，雄性为争夺交配权会凶残争斗，偶尔会致死。雌性妊娠期260~281天，一胎一仔，分娩时离开群体单独进行；分娩完成后雌性白天与群体一起，夜间与幼体过夜；持续4～5周，才一起返回群体中。幼体断奶期为6个月，32~34周后可以单独生活，雄性性成熟平均为814天，雌性性成熟为730天。平均寿命约17年。

雄性生殖器位于后腿到腹部，清晰可见；雌性在后腿之间有两对乳头

别名：不详 | 分布：非洲东部、中部、西部，中东 | 濒危状态：LC

野猪 | 科属：猪科，猪属 | 学名：*Sus scrofa* L. | 英文名：Wild boar

野猪

野猪是一种普通又使人捉摸不透的动物，有21个亚种，亚种间存在差异但没有繁殖障碍。它几乎无天敌。如今的家猪就是8000年前由野猪进化而来，野猪不仅外貌与家猪极为不同，成长速度也远比家猪慢得多，体重较重。

除了在草地上漫步，我还喜欢在泥水中洗浴

形态 野猪体躯健壮，头较长，耳小并直立，吻部突出似圆锥体，其顶端为裸露的拱鼻，四肢粗短，每脚有4指（趾），硬蹄，仅中间2指（趾）着地；尾巴细短。耳朵被有刚硬而稀疏的针毛。皮肤灰色，被粗糙的暗褐色或黑色鬃毛覆盖，激动时颈处形成一绺鬃毛。猪仔带有条状花纹，毛粗而稀。

习性 **活动**：白天不大出来走动，多于晨昏觅食，是否夜行性尚不清楚，中午时进入密林中躲避阳光，爱集群活动，多4~10头一群。雄兽会花很多时间在树桩、岩石和坚硬的河岸上摩擦身体，把皮肤变成坚硬的保护层。食量大，常侵入农田盗食和毁坏作物，危害大。会在领地中的固定地点排泄。**取食**：杂食性，只要能吃的东西都吃。青草、土中蠕虫、鸟卵、蛇蝎等都是它的美食。**栖境**：适应性极强，栖息于山地、丘陵、荒漠、森林、草地和林丛间。冬天喜欢居住在温暖的向阳山坡的栎树林中，且栎林落叶层下有大量橡果，靠吃它度过寒冬。夏季喜欢居住在近水源处，特别是亚高山草甸，山高气温低，又有天然水池，便经常在这里取食，在泥水中洗浴。阴坡山杨、白桦林、落叶松林、云杉林也是它夏季经常活动的场所。

繁殖 每年平均2~2.5胎，每胎8~16头，配种时间以6~7月龄、体重 60~70千克为宜。

智商和灵敏度比一般家猪高，嗅觉灵敏，是个寻鸟蛋的好手

别名：山猪 | 分布：欧亚大陆和北非 | 濒危状态：LC

科属：猪科，非洲野猪属 | 学名：*Potamochoerus porcus* L. | 英文名：Red river hog

红河猪

红河猪随遇而安，对生存环境和食物质量要求不高，体健力猛，少有天敌，繁殖量惊人，所以数量惊人。它的食谱丰富，运动量大，肉质几乎没有肥膘，加之本身是害兽，遭大批捕杀，所以是当地土著的主要肉食。

耳端尖且有白色鬃毛，毛长约12厘米

形态 红河猪体长90~130厘米，尾长30~45厘米，肩高55~80厘米，体重46~100千克，雄性体型比雌性大。头部长；吻鼻突出，吻端细长；下颌部有白色鬃毛；耳朵大且薄。面部有很小锥形凸起，鬃毛呈花白色；鼻端两侧有锋利獠牙突出。眼睛和四肢附近有香腺，雄性面部凸起处和阴茎部位也有香腺；下巴部位有一个独特腺体可能与触觉有关。身体被覆毛发，无裸露皮肤；眼周及眼前面部为花白色，头部呈灰黑色；身体毛色为砖红色至黑灰色，头顶至脊背有一条浅色毛；腹部两侧、颈部有较长的毛发，较硬。

习性 **活动**：集群生活，每群数量11~20只，由雌性和小猪组成，雄性独居；日行性，白天外出活动，晨昏觅食；性情凶猛，善游泳。**取食**：杂食性，对食物不挑剔；主要吃玉米、土豆等植物的种子，根茎，果实以及蘑菇等菌类，也吃蜥蜴、老鼠、腐肉、鸟类、各种卵、蜗牛等肉食，经常偷吃农作物。**栖境**：热带雨林、热带草原、森林和山谷以及靠近河流、湖泊和沼泽等潮湿的环境中；无固定窝点。

繁殖 每年2~7月繁殖，一般是旱季结束雨季来临时；发情期持续34~37天。雌性妊娠期120~127天；每胎1~8仔，通常3~4只；会用枯叶和干草铺在窝中。幼仔刚出生时体重为650~900克，2~4个月哺乳期，18~24个月性成熟；野外寿命约15年。

别名：西非薮猪 | 分布：非洲撒哈拉沙漠以南大部、马达加斯加 | 濒危状态：LC

草原西貒 ▶ 科属：西貒科，草原西貒属 | 学名：*Catagonus wagneri* R. | 英文名：Chacoan peccary

草原西貒

草原西貒是西猯科中体型最大的哺乳动物，像猪。最初发现时只有一些化石，人们以为它已经灭绝，1975年才于大厦谷发现它仍然存活。

有时会有撞及咬等行为，但一般不带攻击性

性情温和，会以不同叫声来沟通，包括咕噜声及牙齿的嗒嗒声

形态 草原西貒吻粗糙且坚韧，鬃毛呈褐色至灰色，背部有一道深色的斑纹。耳朵、吻及尾巴较长，口及肩周有白毛，后脚有三趾。上犬齿向下，而不像其他猪形亚目般向外或向上。它们的鼻窦适合在干旱及多尘的环境生活。它们的脚细小，可以在多刺植物间行走。

习性 **活动**：昼行性，早上较活跃。常以约10只的小群聚居，族群会环形迁徙，约42天回到原地以监视地盘。族群会组成一堵墙来保护自己，却很易成为狩猎的对象。常用背部腺体分泌的奶状有味物质做记号，也常在泥中打滚，会选特定地点排泄。**取食**：主食较粗糙的植物，如仙人掌等。会用吻将仙人掌放在地上打滚，将刺磨去，也会用牙齿咬及吐出仙人掌的刺，有时也吃凤梨科植物的根、金合欢的荚及掉下来的仙人掌花；会在蚂蚁穴及盐渍地吸取钙、镁及氯。**栖境**：炎热干旱的丛林地带。占地14万平方千米的大厦谷主要是多肉及针刺植物，只有很少处有大树。

繁殖 全年繁殖，9~12月出生，与食物藏量和雨量有关。每胎2~3只，雌性会离开族群产仔。幼仔出生后几个小时可奔走。

▶ 别名：草原貒猪 | 分布：巴拉圭、玻利维亚及阿根廷 | 濒危状态：EN

单峰驼 | 科属：骆驼科，骆驼属 | 学名：*Camelus dromedaries* L. | 英文名：Dromedary

单峰驼

单峰驼因有一个驼峰而得名，它在沙漠中往返，运载人们和商品通过最干燥的地区，被北非人称作“沙漠之舟”。

性情亲切、有耐心、聪明，偶尔不高兴会用跺脚及奔跑来表达情绪

形态 单峰驼头躯干长2.2~3.5米，尾长35~55厘米，肩高1.8~2.3米，重300~690千克。头颈和腿细长，尾短，睫毛浓密，耳小，上唇深裂，鼻孔扁平呈细缝状，可关闭，蹄宽大呈扇状。毛色为深棕色到暗灰色。单峰驼的脚下有一层具弹性的、由结缔组织组成的垫子，为其脚底板提供比较宽的面积。

习性 **活动**：昼行性、半群居动物，可独处也会和其他骆驼同伴群居，野生种成群生活，每群由一头雄兽和多头雌兽带着幼兽组成。**取食**：草食性，主要吃草，亚洲和非洲的单峰驼还吃荆棘、干植物和其他哺乳动物不能吃的耐盐植物。靠储存在驼峰里的脂肪能存活相当长时间，可连续5~7天不喝水。排泄物是高度浓缩的尿液和干燥的粪便。**栖境**：干旱的沙漠、草原和戈壁地区。

繁殖 每年1~4月交配，孕期长达370~440天。每隔2~3年才生育一次，每胎1仔，繁殖率很低。4~5岁时性成熟，寿命35~40年。

毛比双峰骆驼的短而柔软
大多数偶蹄目动物站在自身脚尖的蹄上，单峰驼则站在脚指（趾）的最后两个节上，它没有蹄，而是有弯曲的指（趾）甲，这些指（趾）甲仅保护脚的前部
走路方式与其他偶蹄目动物不同，总是同一侧的前后蹄同时迈步
原产于北非和亚洲西部及南部，确切分布区难以考证，因早被人类驯化而没有野生的了

别名：不详 | 分布：印度、北非 | 濒危状态：EW

双峰驼 ▶ 科属：骆驼科，骆驼属 | 学名：*Camelus bactrianus* L. | 英文名：Bactrian camel

双峰驼

性温顺，易骑乘，适于载重

瞬膜和泪腺发达，沙尘入眼后能很快把表面沙尘冲洗掉

双峰驼多活动于干旱的草原、沙漠、戈壁地区，适应能力极强，可谓浑身是宝，然而现存的多是人工驯养的，野生数量极少，是世界级珍兽！

形态 双峰驼是新疆体型最大的荒漠动物，体长3米，肩高1.8~2.3米，重800~1000千克。颈长而弯曲，背有双峰，腿细长，两瓣足大如盘。毛色为淡灰黄褐色。眼体突出，视野范围大，眼睑双重，睫毛长密而下垂，不受阳光直射和风沙吹袭。鼻孔大而斜开，启闭自如，且周围短毛很多，可过滤风沙。

习性 **活动**：日行性，不定居。雄性多单独活动，多一雄多雌成群活动，少见12~15只的大群。**取食**：以梭梭、胡杨、沙拐枣等荒漠植物为食，吃沙漠和半干旱地区生长的几乎任何植物。耐饥渴，可以十多天甚至更长时间不喝水，在极度缺水时能将驼峰内的脂肪分解产生水和热量。一次饮水可达57升，以恢复体内正常含水量。**栖境**：干旱地区的草原、荒漠、戈壁地带，随季节迁移。

繁殖 两年1胎1仔，偶有2仔，每年4~5月繁殖，孕期12~14个月，4~5岁性成熟，寿命35~40年。

野生种的驼峰比家骆驼的小且尖，躯体比家骆驼的细长，脚比家骆驼的小，毛也较短
嗅觉灵敏，耐饥渴、高温、严寒，抗风沙，善长途奔走
可运载170~270千克物品，在4天中平均每天走约47千米，最快时速度达每小时16千米

▶ 别名：野骆驼 | 分布：蒙古国和中国甘肃、青海、新疆及内蒙古 | 濒危状态：CR

加拿大马鹿 科属：鹿科，鹿属 | 学名：*Cervus Canadensis* E. | 英文名：Elk

加拿大马鹿

加拿大马鹿有10个亚种，其中6种来自北美洲，4种来自亚洲。它较驼鹿体型小且色泽浅，北美人十分崇敬它，将它作为心灵上的力量。

形态 雌鹿重约225千克，雄鹿比雌鹿大出约25%。较红的毛色和暗黄色且轮廓分明的臀部大斑点，尾巴较小，各足蹄皆拥有双数的足尖，类似于骆驼、山羊与牛。皮毛色泽随季节与栖息地不同而变化。

习性 **活动**：成群生活。**取食**：反刍动物，有四个胃室，以草、植物、树叶与树皮为食，喜爱杨树嫩枝。早晨与夜晚觅食，期间寻找隐蔽的地方进行消化。夏季几乎不断地进食，每日吃约9千克的食物。**栖境**：森林与林边，也能栖息于北美洲的半沙漠地带。春季迁移到较高海拔处，随着积雪退去再于秋季反向移动。冬季偏爱风小且树皮丰富的林地与隐蔽的山谷地带。

繁殖 雌鹿的发情周期只有一两天，交配通常需要十多次尝试。孕期240~262天，雌鹿生产前远离鹿群保持孤立，直到小鹿足够强壮能逃离掠食者为止。寿命10~15年，人工饲养可活20年。

雄鹿才有鹿角，可有八至更多的角叉，春季开始成长，每年冬季脱落；鹿角硕大，最大的重18千克；鹿角可以每日2.5厘米的速度成长，在成长时会覆盖一层有保护作用、柔软、多血管分布的皮肤——绒毛状皮，鹿角成形后绒毛状皮便会脱落

鸣叫是自然界中最有特色的叫声之一

毛色在冬季普遍为灰色或其他较浅颜色，夏季的颜色则较红、较深；秋季会长出较厚的被毛，以度过寒冬，在西伯利亚和北美洲还会长出细颈毛

别名：北美马鹿 | 分布：加拿大、美国、俄罗斯亚洲地区和和中国北方 | 濒危状态：LC

加拿大马鹿

梅花鹿 | 科属：鹿科，鹿属 | 学名：*Cervus Nippon* T. | 英文名：Sika Deer

梅花鹿

听觉、嗅觉发达，视觉稍弱，胆小易惊

梅花鹿有14个亚种，它身体后背和体侧整齐有序地排列着许多梅花状花斑，故名“梅花鹿”。远远望去又像一朵形态奇特的花，又名“花鹿”。它浑身是宝，然而近年来种群数目稀少，属国家一级保护动物。

形态 梅花鹿体长125~145厘米，尾长12~13厘米，体重70~100千克。头略圆，鼻端裸露，眼大而圆，耳长且直立。颈部长，四肢细长，主蹄狭而尖，侧蹄小，尾较短。颈部和耳背呈灰棕色，一条2~4厘米宽的黑色背线沿脊柱贯穿于其耳尖至尾基，腹部白色，臀部有白色斑块，尾背黑色，腹面为白色。

习性 **活动**：常结群而行，群体以雌兽和幼仔为主，雄兽多单独活动。群体大小随季节、天敌等的影响而变化，通常3~5只，多达20只。**取食**：植物的嫩枝叶、果实、种子、苔藓地衣，还常到盐碱地舔食盐碱。**栖境**：森林边缘和山地草原，生活区域随季节变化。

繁殖 8 ~ 10月发情交配，幼仔体毛黄褐色，有白斑，哺乳期2~3个月，4个月约重10千克。1.5~3岁性成熟，寿长约20年。

雌鹿无角，雄鹿头上有实角，角上共有4杈，每年4月中旬雄角辞旧换新

毛色随季节变化，夏季体毛稀短，无绒毛，为棕黄色或栗红色，背脊两旁和体侧下缘整齐有序地排列着许多白色斑点；冬季体毛呈烟褐色，白斑不明显，色如枯茅草

别名：花鹿 | 分布：东亚、西欧和中欧 | 濒危状态：EN

驼鹿

听觉和嗅觉灵敏，视觉不佳

上嘴唇膨大而延长，比下嘴唇长5~6厘米，无上犬齿

驼鹿是世界上最大的鹿科动物，分欧亚驼鹿和北美驼鹿两个物种，每个含4个亚种。因其高大的身躯和四条长腿很像骆驼，高耸的肩部特别像驼峰，故得名。

形态 驼鹿体长2.0~2.6米，肩高1.6~2.4米。头部很大，脸部特别长，颈部却很短，眼睛较小，鼻子肥大且有些下垂。雄兽和雌兽喉部下面生有一个肉柱，长有下垂的毛，称为颌囊。躯体短而粗，尾很短，与4条细长腿很不协调。全身毛呈棕褐色，不同亚种的毛色有所不同，夏季毛色比冬季深得多，每年换一次毛，一般在四五月份脱落冬毛。

习性 **活动**：常单独生活，雌鹿和小鹿集群而居，多在早晚活动。动作灵活，能在积雪60厘米深的地上自由活动，可以55千米时速一口气跑上几个小时。它还能拖动千斤重的身躯一跃而起去取食高处食物。**取食**：亚寒带针叶林食草动物，食物种类有70多种，包括草、树叶、嫩枝及水生植物，全天都在觅食饮水，每天要吃掉20多千克的食物，进食后须反刍，还爱舔食盐碱。**栖境**：原始针叶林和针阔混交林中，多在林中平坦低洼地带、林中沼泽地活动，也随着季节不同而变化。

繁殖 8~10月交配，孕期242～250天，每胎1仔，偶尔2仔。新生驼鹿体色棕黄，偶尔也有全身白毛的。哺乳期约3个半月。1岁后独立生活，3～4岁时性成熟。

有“辟水金睛兽”之称，一次可以游20多千米，还能潜到5~6米的水下觅食水草

雄兽头上的角是鹿类中最大的，呈扁平铲子状而不是枝杈形，角面粗糙，长度超过1米，宽约40厘米，两只角横伸幅度为1.6~2.3米，重达30~40千克；雌兽无角；雄兽每年脱换一次角，2月中旬至3月底脱落旧角，大约一个以月后即长出新角，7~8月间角从基部开始骨化，至9月前后完全骨化，茸皮随即脱落

别名：麋、犴、罕达犴 | 分布：欧亚大陆北部和北美洲北部 | 濒危状态：LC

麋鹿 | 科属：鹿科，麋鹿属 | 学名：*Elaphurus davidianus* M. | 英文名：Pere David's deer

麋鹿

雄性角多叉似鹿、颈长似骆驼、尾端有黑毛

麋鹿是世界珍稀动物，原产于中国长江中下游沼泽地带，因为它头脸像马、角像鹿、蹄像牛、尾像驴，因此得名四不像。

形态 麋鹿是一种大型食草动物，体长1.7～2.2米，一般体重120～180千克，有的达250千克，雌性略小。头大，吻部狭长，鼻端裸露部分宽大，吻部的鼻孔上方有一白色斜纹。眼小，上颌无门齿，犬齿小，在上颌骨的最前端，远离前臼齿。臼齿相当高。尾特别长，有绒毛，呈灰黑色。颈和背比较粗壮，四肢粗大，主蹄宽大能分开，多肉，指（趾）间有皮腱膜，有发达的悬蹄，行走时带有响亮磕碰声，侧蹄发达，适宜在沼泽地中行走。夏毛红棕色，颈背上有一条黑色纵纹，腹部和臀部为棕白色，冬毛较长，且密生绒毛，灰棕色。初生幼仔毛色橘红，有白斑。

习性 **活动**：性情温和，躲避攻击能力弱，行动轻快敏捷，合群，善游泳。**取食**：以禾本科、苔类及其他多种嫩草和树叶为食，喜欢吃嫩草和水生植物，有时到海中衔食海藻。**栖境**：喜爱温暖湿润，多在泥泞的树林沼泽地活动。

繁殖 求偶发情始于6月底，持续6周左右，7月中、下旬达到高潮。孕期长达9个半月，于翌年4～5月产仔，每胎仅产一仔。2岁性成熟，寿命为20岁。

雄性肩高122～137厘米，尾长60～75厘米，角长达80厘米，每年12月份脱换一次，雌兽无角

别名：四不像 | 分布：中国的中、东部，日本 | 濒危状态：EW

驯鹿

驯鹿有17个亚种，分布于欧亚大陆、北美、西伯利亚南部。中国亚种分布在大兴安岭西北坡，仅在内蒙古自治区额尔古纳左旗有少量饲养。它个体较大，性情温和，在有些地区被视为吉祥、幸福、进取的象征。西方传说中圣诞老人坐的雪橇就是它拉的。

形态 驯鹿的个头大，雄鹿重159~182千克，雌性稍小，80~120千克，头体长1.2~2.3米，肩高0.87~1.40米。头长而直，嘴粗唇发达，眼大鼻大，颈粗短，下垂明显，耳较短，背腰平直，尾极短，主蹄阔大，中央裂线很深。夏季体背毛为灰棕、栗棕色，腹面和尾下部、四肢内侧白色，冬毛色稍淡。

习性 **活动**：驯鹿最惊人的举动是每年一次长达数百千米的大迁移。边走边吃，日夜兼程。幼小的驯鹿生长速度是任何动物无法比拟的，幼仔产下两三天即可随母鹿一起赶路，一周后就能跑得飞快，时速可达48千米。**取食**：主食石蕊，也吃苔藓、蘑菇及木本植物的嫩枝叶。人工养殖需要定期饲以食盐。**栖境**：寒温带针叶林中，处于半野生状态。鄂温克猎民照顾驯鹿很粗放，过着“逐石蕊而居”的游牧生活，不定期迁居，活动在大兴安岭北部的激流河、阿穆尔河、呼玛河一带。

繁殖 每胎1仔，偶2仔。每年9~10月交配，孕期225~240天，哺乳期165~180天。雌鹿1.5岁性成熟，个别发育好的个体当年即能参与繁殖，直到14岁，繁殖能力很强，雄鹿性成熟较晚。寿命可达20年。

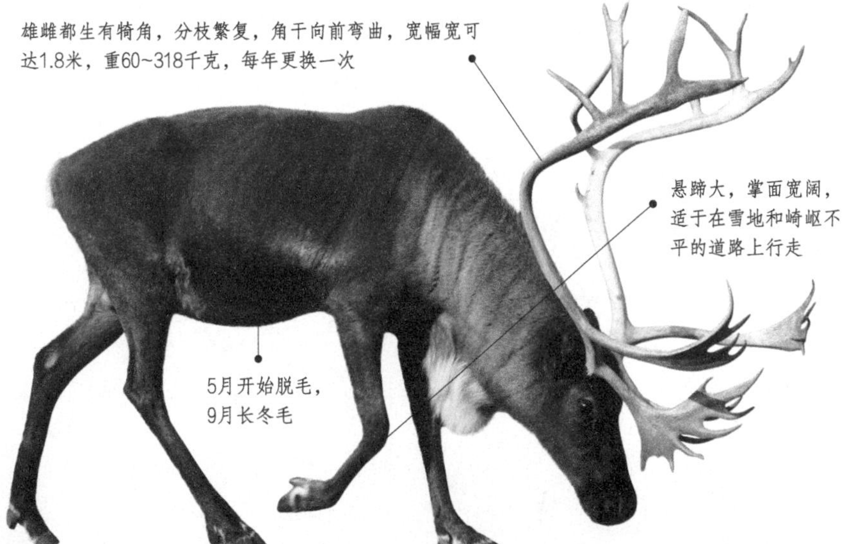
雄雌都生有犄角，分枝繁复，角干向前弯曲，宽幅宽可达1.8米，重60~318千克，每年更换一次
悬蹄大，掌面宽阔，适于在雪地和崎岖不平的道路上行走
5月开始脱毛，9月长冬毛

别名：不详 | 分布：环北极地区，包括欧亚大陆和北美洲北部及岛屿 | 濒危状态：不详

驯鹿

狍子

雄狍有短角，基部粗糙有皱纹，最多3个叉，狍角冬天脱落，新角于六七月份长成，雌狍无角

肩高约0.7米，尾长仅2~3厘米

狍子有3个亚种。它拥有呆萌的外表、傻乎乎的性格，好奇心特别重，看见什么东西总会停下看个究竟，猎人如果一枪未中也不用追击，因为它逃脱后会跑回原地，看看刚才到底发生了什么，真是“好奇害死狍”啊！

形态 狍子是一种中小型鹿类，体长约1.2米，重15~30千克。颈部细长，大眼睛，大耳朵，无獠牙，鼻吻裸出无毛，耳短宽而圆，内外均被毛。四肢较长，后肢略长于前肢，蹄狭长，尾短且隐于体毛内。冬毛灰白色至浅棕色，红赭色的夏毛薄短，腹毛白色，腿茶色，喉、腹白色，臀有白斑块，幼狍有3条纵行白斑点，体重约11千克时即消失。

习性 **活动**：日间多栖于密林中，晨昏时活动。喜成对活动，一般由雌狍及其后代构成家族群，通常3~5只，雄狍仲夏才入群。**取食**：植食性，喜食灌木嫩枝芽、树叶、青草和小浆果、蘑菇等。**栖境**：小山坡疏林带，多在海拔不超2400米的河谷及缓坡上活动。

繁殖 7~8月交配，孕期8个月。雌狍能延迟着床4~5个月，等气候适宜、食物丰沛时才孕育新生命。密林中分娩，每胎1~2仔。若一胎产2仔，则出生地点相距10~20米，分别哺乳。1.5~2年性成熟。寿命10~12年，最长可达17年。

会借着车灯跑，不知会被撞死；被追赶时会把头埋到雪里，以为不会被发现
性情胆小，好奇心重，受惊时吠叫，会炸开尾巴白毛，变成白屁股

别名：矮鹿、野羊 | 分布：中国东北、西北、华北和内蒙古 | 濒危状态：LC

鼷鹿 | 科属：鼷鹿科，鼷鹿属 | 学名：*Tragulus kanchil* R. | 英文名：Chevrotain

鼷鹿

略比野兔大，体型迷你，眼睛大，性情孤僻，敏捷机警

鼷鹿有38个亚种。它体型小巧玲珑，是地球上最小的偶蹄动物，也是介于骆驼科与鹿科的一个珍稀物种，还是现有反刍类有蹄动物中最古老、最原始的种类之一，形如马鹿的袖珍版，有着极高的科研价值。

形态 鼷鹿体重125~210克，体长42~63厘米。面部尖长，头上无角，吻尖而窄，鼻孔似裂缝，无颜面腺和足腺，四肢细长，前肢较短，脚长而细，每足具4指（趾）。雄兽的犬齿较为发达，露出形成獠牙。背部、体侧、腿侧等处毛色为棕褐色，脊部略深，上面有浅色斑纹，胸部、腹部为白色。

习性 **活动**：夜行性，晨昏活动，奔跑时像兔子一样敏捷。白天隐藏于草丛中，不远离栖息地。多单独活动，偶尔也成对生活。发情期雌雄一起寻食，交配后即各奔东西。**取食**：以植物花果及其他落地野果为食，也吃青草、大豆、红薯等的嫩叶和草根。**栖境**：林栖。活动于低海拔地区的热带山地、丘陵、茂密的森林灌丛和深草丛，有时也进入农田地带。

繁殖 全年可繁殖，6~7月交配，孕期4~5个月，每胎产1仔，偶尔产2仔，幼仔出生后不久便站立活动，5个月性成熟。雌兽产仔48小时后可以发情受孕，且能一边哺乳一边怀胎。

4条长腿肌肉发达，极善跳跃，可跳下10米深的深涧而安然无恙

据说它很怕水，一旦被迫下水，出水后就会卧地不起，很长时间后才能活动

别名：鼠鹿 | 分布：爪哇、苏门答腊等岛屿 | 濒危状态：LC

长颈鹿 | 科属：长颈鹿科，长颈鹿属 | 学名：*Giraffa camelopardalis* L. | 英文名：Giraffe

长颈鹿

长颈鹿是现存世界上最高的陆生动物，站立时头至脚可达6~8米，身高腿长，站着睡，头靠树枝呈假寐状，每晚只睡两小时！

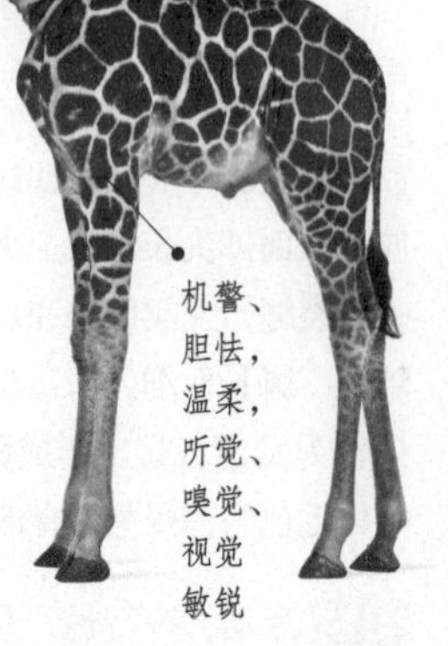

眼大而突出，视野宽广，可看到身后
头顶生有一对外包皮肤和茸毛的小短角，底色浅棕，终生不脱掉，耳后和眼后还有两对角
机警、胆怯，温柔，听觉、嗅觉、视觉敏锐

形态 长颈鹿雄性高4.5~6.1米，重0.9~2.0吨，雌性略小。颈长约2.4米，头部具有坚硬的角状头盖骨。躯干较短，前腿比后腿长，蹄大如餐盘。全身被毛疏短，布满形状大小不同的黑褐色花斑网纹。颈背有鬃毛。长尾末端有一束长毛。

习性 **活动**：营昼行性群居生活，晨昏觅食。有时和羚羊等混群，善交际，群落松散。走路悠闲，奔跑时速可达70千米。四肢击打范围广、力量大，可使不幸被踢中的成年狮子立马腿断腰折。**取食**：以树叶、小树枝为主食，每天摄食量达63千克。长达40厘米的青黑色舌头、薄而灵活的嘴唇、黏稠的口水和嘴唇上坚韧的角质能轻巧地避开植物外围密密的长刺。“大长腿”使它饮水十分不便，在树叶水分充足的情况下可以一年不喝水。**栖境**：非洲热带、亚热带稀树草原、灌丛和树木稀少的半沙漠地带。

繁殖 全年可交配，雨季为繁殖高峰期。每胎1仔，孕期15个月，4岁性成熟。寿命20~27年。

血压是成年人类的3倍，只有大心脏和“高”血压，血液才能被输送到“很远”的大脑，耳朵后方的瓣膜会在抬头低头间有效调节血压，长颈和长腿也是很好的降温“冷却塔”
很少出声，被误为哑巴，其实会叫，也有声带，但声带中间有浅沟，不好发声，且发声时需要靠肺部、胸腔和膈肌共同帮助，遥远的距离使得发声很费力

别名：麒麟、麒麟鹿、长脖鹿 | 分布：非洲东部和南部 | 濒危状态：LC

原麝

胆怯机警，孤僻好奇，视觉与听觉灵敏

原麝小巧，形状像鹿，背部肉桂色斑点是其区别于马麝、林麝的特点，雄性腹部下方的香腺和香囊中分泌的麝香具有浓厚的奇异香味，是十分名贵的药材和香料。

形态 原麝体重8~13千克，体长80~95厘米。头和面部狭长，吻部裸露，与面部皆呈棕灰色，头上无角，无上门齿，雄兽有一对獠牙状上犬齿。耳长，大而直立，短尾隐于毛下。四肢很细，后肢特别长，前肢稍短，蹄子窄而尖，悬蹄发达，非常适于疾跑和跳跃。身体呈棕色，背部比较深，有的呈灰褐色，带有不明显土黄色条纹和斑点，腹部毛色较浅。被毛厚密但较易脱落。

习性 **活动**：雌雄分居，营独居生活，雌兽常与幼麝一起。晨昏活动，有相对固定的巡行、觅食路线和排便场所，喜遮盖粪便。**取食**：植食性。每天进食约1000克，所食植物种类广泛，包括低等的地衣、苔藓和数百种高等植物的根、茎、叶等，食物较少时还啃食树皮。饮水，冬季冰封时会舔食积雪。**栖境**：山地阔叶林、灌木林、针阔叶混交林和针叶林中，有时随季节不同作垂直性迁移。

繁殖 12月至翌年1月发情交配，孕期175~189天，每胎1~2仔。1.5~2岁性成熟，寿命为12~15年。

肩高50~60厘米，颈下向后至肩有两条白纹

逃脱追捕几天后往往回到事发地一探究竟，"舍命不舍山"，这点和狍子不谋而合

雄性原麝总是精神抖擞，威风凛凛；雌性则温和腼腆，洒脱可爱

河马 | 科属：河马科，河马属 | 学名：*Hippopotamus amphibious* L. | 英文名：Hippopotamus

河马

河马有4个亚种，是淡水物种中现存最大的杂食性半水生哺乳动物，躯体粗圆，厚皮下的脂肪可使其轻松浮于水中，皮肤能分泌红色液体“血汗”来防干裂。

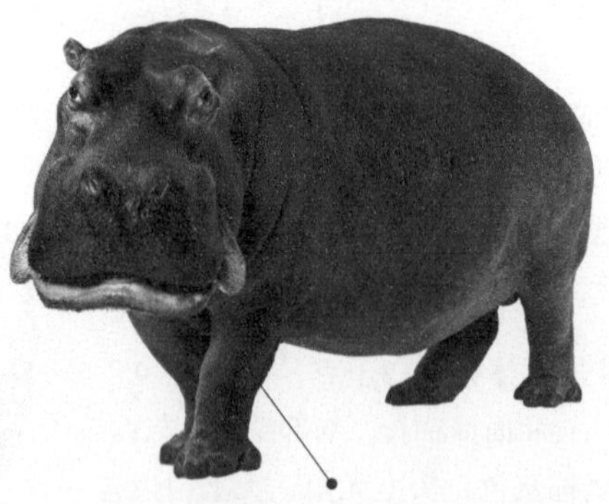

在陆地上能以每小时20千米的速度奔跑，在百米距离内健步如飞

形态 河马身体笨重厚实，重0.9~1.8吨，体长3.3~3.6米。头硕大，吻宽嘴大，眼、耳、尾较小，视力较差，四肢粗短，有4指（趾），指（趾）尖有扁爪状蹄，指（趾）间略有蹼。皮厚，呈黑褐色兼赤紫色，有砖红色斑纹，光滑无毛，仅在嘴端、耳内侧和尾巴上有毛，厚皮里是一层脂肪，使它毫不费力地从水中浮起。

习性 **活动**：夜行性、喜群居，白天睡觉或休息，晚上觅食，吃草时单独活动，有时会顺水游出30多千米觅食。群体由雌兽统领，每群20~30只，有时多达百只。老年雄性常单独活动。**取食**：水生植物，偶食陆地作物，日食量80千克以上，以草为主，食物缺乏时也吃肉。**栖境**：非洲热带水草地区，常见于河流、湖泊、沼泽附近水草繁茂和有芦苇的地带。

繁殖 无固定繁殖季节，孕期约8个月，哺乳期1年，每胎1仔，新生幼仔重40~50千克，出生后5分钟能行走和游泳，雌性7~9岁性成熟，雄性则在9~11岁。寿命30~40年。

肩高1.5米，尾长0.56米

觅食、交配、产仔、哺乳均在水中进行，受惊时也避入水中，可谓大自然的奇物

平时全身没入水中，只耳朵、眼睛和鼻孔露出水面，潜水时能关闭耳朵和鼻孔，5~10分钟换气，有时长达半个小时

性暴躁，惧冷喜暖，平时较安静，发起脾气会用锋利牙齿刺伤对方，能顶翻小船，把船咬成两段

别名：不详 | 分布：非洲热带的河流间 | 濒危状态：VU

倭河马

上门齿只有一对，而河马有两对

两只陌生倭河马相遇，会无视对方，而不像河马那样发生冲突

倭河马像一头巨型的猪，吻宽嘴大，四肢短粗，身体厚实笨重，像个粗圆桶。它喜欢泡在水里，皮肤黢黑锃亮，也可以像河马那样分泌血一样的分泌液来保护皮肤。雄性倭河马的领地面积约1.85平方千米，而雌性的只有0.4~0.6平方千米。它们夜间会沿着比较固定的林间小道觅食，也会像河马一样挥动尾巴抛撒粪便。

形态 成年倭河马体重160~210千克，体长1.5~1.7米。头和耳短圆，双眼不像河马那样长在头顶且不突出，对水中生活的适应性不如河马。脚比较窄，脚指（趾）分得很开，脚指（趾）间连接的皮肤少，适合在泥泞雨林中行走。

习性 **活动**：单独活动，晚上上岸活动，夜间觅食，白天泡在水里休息，觅食后回到同一地点的水中休息，几天后转移到新地方。偶尔结小群，多是伴侣或母子。**取食**：低矮的蕨类植物、阔叶植物和掉落在地上的水果，比以草为主食的河马好得多。一天花约6个小时觅食。**栖境**：溪流、潮湿的森林和沼泽地带。

繁殖 每隔3~4年交配繁殖一次，每胎1仔，孕期196~210天，于水中或陆上分娩，哺乳期6~8个月。幼仔降生当时就可以下水活动。4~5岁性成熟，寿命30~42年，圈养条件下可达55年。

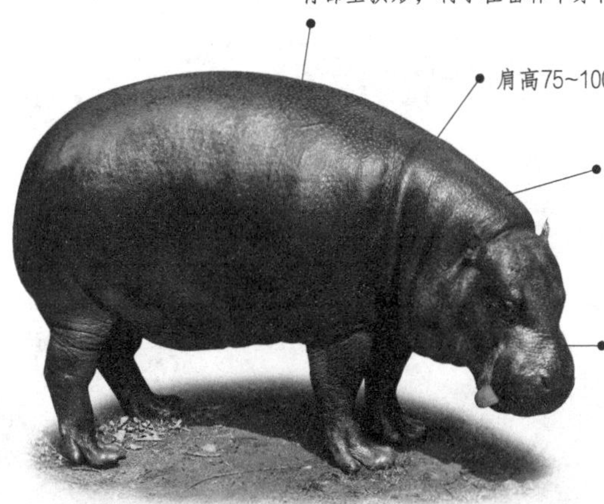

背部呈拱形，利于在密林中穿行，而不像河马的背那么平

肩高75~100厘米，尾长16厘米

皮肤黢黑锃亮，不像河马那样带有明显的红褐色，不过也会像河马那样能分泌特殊的“血汗”来防止皮肤干裂，所以有时面颊也会呈粉红色

生活离不开水，泡在水中的时间比河马少一些，有较多时间在雨林中漫步，遇到危险时会躲进灌木丛，而不像河马那样一定跑到水里

别名：矮河马 | 分布：利比里亚、塞拉利昂及邻近 | 濒危状态：EN

PART 5

162~191页

灵长目

猕猴

猕猴共有10个亚种，在自然界中极为常见，它面部无毛红润，躯体粗壮，远远望去，就像一个正在站立的小孩。

形态 猕猴身材矮小，体重较轻，雄性体长约53厘米，重约7.7千克，雌性约47厘米，重5.3千克。它颜面瘦削，小脸粉红，额略突，眉骨高，眼窝深，肩毛短，尾较长，20.7～22.9厘米。身上主要毛色为灰色或灰褐色，背部棕灰或棕黄色，腰部以下为橙黄色或橙红色，腹面淡灰色，有光泽。吻部突出，两颚粗壮，牙齿32枚，鼻孔前伸向下紧靠，手足均有5个指（趾）。具扁平的指（趾）甲，均能直立行走。有可以储存食物的颊囊，齿尖低，四肢基本等长。视觉发达，嗅觉退化。

习性 **活动**：喜群居，在猴王带领下白天活动，会有“哨兵”站在高处放哨以防异常情况。**取食**：以树叶、嫩枝、野菜等为食，也吃小鸟、鸟蛋及昆虫，甚至蚯蚓、蚂蚁。**栖境**：热带、亚热带及暖温带阔叶林，从低丘到3000～4000米高海拔、僻静有食的地方均见，是现存灵长类中对栖息条件要求较低的一种。

繁殖 11～12月发情，交配期持续11天，妊娠期约5个月，哺乳期约4个月。雌猴2.5～3岁性成熟，4岁交配，雄猴4～5岁性成熟，6～7岁交配。

体能好，活动范围也较大，善于攀援跳跃，会游泳和模仿人的动作，有喜怒哀乐的表现

采食野果贪婪好争，而且对野果的可利用程度很低，喜欢边采边丢，故猴群过处往往断枝弃果遍地

食蟹猴

食蟹猴有10个亚种，喜欢取食螃蟹及贝类，故得名。因为拖着长长尾巴，又常称作长尾猕猴。

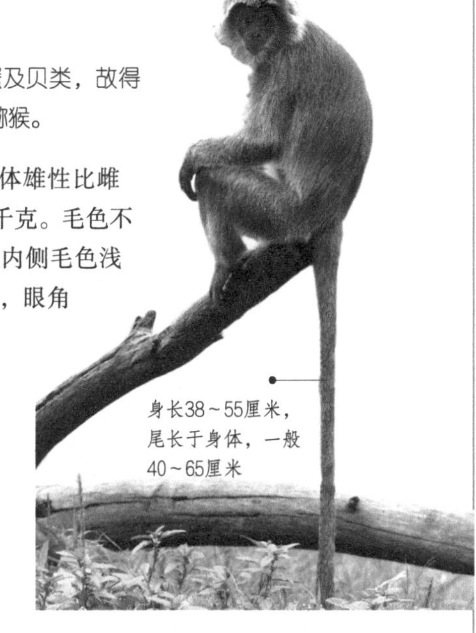

身长38～55厘米，尾长于身体，一般40～65厘米

形态 食蟹猴体型比猕猴小，成年个体雄性比雌性大得多，雄性5～9千克，雌性3～5千克。毛色不一，有黄、灰、褐不等。腹毛及四肢内侧毛色浅白，冠毛后披，面部棕灰色，有须毛，眼角无毛，眼睑上侧有白色三角区，耳直立，眼睛黑色，眼睑突出有白色斑点。鼻子平坦，鼻孔很窄。吻部突出，两颚粗壮，牙齿32枚，鼻孔朝前下靠，手足均有5指（趾），指甲扁平，均可直立行走，有可以储存食物的颊囊。视觉发达，嗅觉退化，四肢关节灵活，触觉灵敏。

习性 **活动**：群居，成员之间等级地位鲜明，“猴王”多通过争斗厮打取得群体的统治地位，大家在猴王带领下白天活动。**取食**：喜欢饮水、吃螃蟹，也取食水果、树叶、小动物、鸟类等。随着生存环境恶化，有些还学会捕鱼以扩大食物来源。**栖境**：热带雨林、原始森林、次生林以及靠近河流的椰林和沿海红树林。在苏门答腊岛常出现于红树林沼泽及山林中；在泰国生活于常绿森林、竹林和落叶林中；在马来西亚生活于沿海低地森林、潮汐河流沿岸等。

繁殖 一雄多雌制，秋季交配，雌兽孕期6～7个月，每胎产1仔，雌兽负责养育。

体能充沛，喜欢在水源附近的林灌地带穿梭和攀援

机警敏捷，行动迅速

熊猴 ▶ 科属：猴科，猕猴属 | 学名：*Macaca assamensis* M. | 英文名：Assam macaque

熊猴

熊猴有指名亚种和喜马拉雅山亚种，在中国分布集中，主要在西藏和云南自然保护区内并得到很好的保护。它体型与猕猴相似，但颜面较长，因身体肥壮、憨态似熊而得名。它喜欢在山区和树上攀爬，又常称作“山地猕猴”。

比猕猴的面部更长，眉弓较高且突出

形态 熊猴头体长51～73.5厘米，尾长约为体长的1/3。雄性体重6～19千克，雌性体重约5千克。头、颈部的毛发呈淡黄色，头顶毛发从中央向四周辐射，呈现一个“漩涡”，呈肉色，周围毛发深褐色或紫红色，肩膀、头部和手臂颜色较浅，身体毛色为棕黄、棕褐至黑褐色，下体及腹部为苍白色。臀部胼胝周围毛很多，褐色的尾巴短而细，像一根裸露的小棍。

习性 **活动**：集群生活，喜欢与叶猴在树上攀援跳跃，旱季活动较雨季频繁且时间长久。**取食**：在树干和树枝间捕捉猎物或摘取果实。食物以野果及植物嫩枝叶为主，也捕食昆虫、两栖动物、小鸟和小型脊椎动物。秋冬季林间食物匮乏时，也下山偷吃农作物。**栖境**：海拔1000~2000米热带和亚热带的高山密林中，主要栖于季风常绿阔叶林、落叶阔叶林、针阔混交林或高山暗针叶林，多选择高大乔木。

繁殖 雌猴发情时大腿、臀部和臂部皮肤会发红肿胀，妊娠期约168天，3~7月分娩，每年1胎，每胎1仔，幼仔以母乳为食。雌性约4.5岁性成熟，雄性约3岁。

吻部突出，腮须和胡子发达，还具有可以储存食物的颊囊

体能较好，喜欢在林间穿梭和攀援，每日在树上攀援跳跃的时间远多于在地面的时间

▶ 别名：蓉猴、阿萨姆猴 | 分布：喜马拉雅山区 | 濒危状态：NT

川金丝猴 | 科属：猴科，仰鼻猴属 | 学名：*Rhinopithecus roxellana* M. | 英文名：Golden snub-nosed monkey

川金丝猴

川金丝猴分化为指名亚种、秦岭亚种和湖北亚种。其栖息地与大熊猫重叠，在建立保护区保护大熊猫时，川金丝猴也得到了很好的保护。

体能良好，常林间穿梭、攀援和获取食物

形态 川金丝猴体型中等，成年雄性体长约68厘米，尾长68.5厘米，体重15～39千克，雌猴体重6.5～10千克。鼻孔向上仰，颜面部为蓝色，无颊囊。面部、颈侧、手臂和腿部的毛呈棕红色，肩、背部金黄色，尾巴与身体等长或略长于身体。

习性 **活动**：群栖生活，每个大集群会按家族性的小集群进行活动，随季节变化。**取食**：杂食性，以植物为主，采食随季节变化。春季采食假稠李、花楸、栎、槭、冬青、野樱桃、构树等；夏季采食桦、假稠李、紫花卫茅、野樱桃、花楸、板栗、桑、构树、冬青、山楂、山葡萄等；秋季采食花楸、海棠、山楂、猕猴桃、拐枣等和松、板栗、高山栎的种子；冬季在林中啃食树皮、藤皮及植株残留的花序、果序和树干上的松萝、苔藓。**栖境**：森林树栖，常年生活于海拔1500～3300米的亚热带山林绿地、落叶阔叶混交林、亚热带落叶阔叶林和常绿针叶林以及次生针阔叶混交林等中。

繁殖 雌性4～5岁性成熟，雄猴约7岁。全年均可交配，8～10月为交配盛期，孕期约6个月，翌年3～4月产仔。成年猴群中雄雌性比约为1：2。

具金黄色被毛，毛质柔软，多分布于四川等地，故名川金丝猴

鼻孔上扬，神采奕奕，又称仰鼻猴

别名：狮子鼻猴、仰鼻猴 | 分布：中国的四川、甘肃、陕西和湖北 | 濒危状态：EN

鬼狒 | 科属：猴科，山魈属 | 学名：*Mandrillus leucophaeus* F. | 英文名：Drill

鬼狒

雄性下巴上有粉红色的下唇和白色的胡子，雌性则无

鬼狒面部一片漆黑，外表似鬼魅，故得名。它有指名亚种、奥科岛亚种和喀麦隆亚种，由于热带雨林遭到严重破坏和人类捕猎日益加剧，鬼狒数量急剧减少。

形态 鬼狒雄性体长61～76厘米，雌性比雄性矮10厘米，雄性的体型几乎是雌性的两倍，雄性重达50千克，雌性约12.5千克。鼻骨隆起，吻部突出，两颚粗壮，有32颗牙齿，鼻孔朝前但紧靠吻部，手足均有5指（趾），指（趾）甲呈扁平状。臀部血管密度增加呈红色，雄性生殖器受自身血管等影响呈蓝色或紫色。

习性 **活动**：群体而居，通常由一只强壮的雄性统领，在食物充足时种群甚至超过100只。白天在地面活动，也上树睡觉或寻找食物。**取食**：杂食性，以植物果实为主，尤喜水果，也吃草药、植物根、鸡蛋、昆虫及一些小型哺乳动物。**栖境**：非洲西部的低地森林以及沿海、河的森林中，喜欢在多岩石的小山周围出没。

繁殖 一夫一妻制，12月至翌年4月繁殖，雌性孕期168～179天，每胎产1仔，幼仔平均重约770克。大约3.5岁达到性成熟。平均寿命约28岁，最高寿命记录为46岁。

与山魈的差异在于，鬼狒面部皮肤颜色较为单一，整个面部几乎都是黑色

通过声音、气味和毛发色彩三种方式来完成交流

胸部的气味腺可分泌出不同气味，标记不同的交流信号；母亲与孩子、伴侣之间通常通过触觉交流，同类之间经常发出咕哝声和尖叫声

别名：鬼狒狒、黑面山魈 | 分布：非洲喀麦隆、尼日利亚、几内亚 | 濒危状态：EN

山魈

前肢较后肢长而强健，行动时后部会向下倾斜
尾部短粗，长5.2~7.6厘米

山魈是世界上最大的猴科灵长类动物。鼻骨上有纵向排列的脊状突起，外被绿色皮肤和鲜红色脊间，身上色彩鲜艳的特殊图案形似鬼怪。

形态 山魈体型粗壮，雄性体长75~95厘米，雌性体长55~66厘米。雄性平均体重25千克，雌性平均体重11.5千克。头大而长，鼻骨两侧各有1块骨质突起，其上有纵向排列的脊状突起，其间为沟。身上被毛褐色或暗灰色，蓬松茂密；腹面淡黄色或白色，毛长且密；背后呈红色，生殖器和肛门处为彩色。

习性 **活动**：群居，有严格的等级制度，由一只雄性作为首领，和几只雌性及幼仔一起生活。大部分成年雄性独居山林中，其他的则拥有一个小家庭。**取食**：杂食性，以植物为主，喜欢吃水果，也吃植物叶子、藤本植物、树皮、茎等，有时也食蘑菇和土壤；也取食无脊椎动物如蚂蚁、甲虫、白蚁、蟋蟀、蜘蛛、蜗牛、蝎子等；也吃鸡蛋和捕杀脊椎动物如鸟、乌龟、青蛙、豪猪、老鼠、鼩鼱等。**栖境**：热带森林茂密的多岩石地带。

繁殖 一夫多妻制，雄性与不同雌性交配很常见。繁殖期不固定，6~10月交配，两年繁殖一次。孕期约175天，1~5月产仔，每胎1~2仔。幼仔毛发黑色，雄性6岁离开父母在群体中生存。

雌性及未成年山魈面部的色彩相对雄性而言暗淡许多

靠身体颜色互相识别、相互联络

山魈面如鬼魅，脸长，鼻梁鲜红，与周围的暗色相比，使得鼻梁更加凸显，鼻两侧有深深的纵纹，颌下一撮山羊胡子，头掩映于长毛之中

身形与鬼狒极为相似，又称作“鬼狒狒”

性格暴躁，凶猛好斗，主要天敌是花豹

别名：鬼狒狒 | 分布：非洲喀麦隆、赤道几内亚、加蓬和刚果 | 濒危状态：VU

狮尾狒 | 科属：猴科，狮尾狒属 | 学名：*Theropithecus gelada* R. | 英文名：Gelada

狮尾狒

狮尾狒因尾部有一撮酷似狮尾的毛簇而得名。依据其分布位置的差异，目前主要有指名亚种和南方亚种。近年由于偷猎和栖息地的破坏，其数量在不断缩减之中。

形态 狮尾狒雄性体长69～74厘米，尾长46～50厘米，体重15～20千克；雌性身材略小，体长50～65厘米，尾长30～41厘米，体重11～16千克。头部毛发粗糙，脸呈深色，眼睑苍白色，面颊凹陷呈葫芦形，鼻孔开口在两侧。身躯大而强健，更独特的是具明显胸斑，雄性胸斑环以白色毛发，雌性胸斑呈圆珠水泡突出状。体毛从深褐至黑色，毛色艳丽。

习性 **活动**：多群体活动，在悬崖上有时可聚集400只，大群常由小型家群组成，约20只为一家，一雄多雌，雌性是家庭居群的基本成员，一只外来雄性若想进入居群须通过打斗竞争实现。雄性常连赶带追地轰着雌性走路。**取食**：素食为主，是灵长类中唯一以草为食的种类。草占总食量的90%～95%，常取食草籽、草根、草茎，偶尔采食野果、树叶、花朵及昆虫。取食时通常坐在地上采摘草叶或挖掘草根，一个地方取食完更换另一个地方，曳足而行，懒得起身走路，臀下因而生出许多秃裸的茧子。**栖境**：昼行性地栖猴类，生活在海拔4000米几乎无林木覆盖的山地。

繁殖 繁殖高峰期出现在雨季，孕期5～6个月，每胎产1仔。雌性4～5岁性成熟，雄性略晚，5～7岁性成熟。平均寿命约19岁。

具明显胸斑，胸斑突出呈红色心形，又被称作“红心狒狒”
通过吼叫和特有的翻唇行为进行交流
群居而动，好打斗竞争
雄性肩披长毛并有突出颊毛，雌性则无

别名：狮尾狒狒、红心狒狒 | 分布：埃塞俄比亚高原 | 濒危状态：NT

大狐猴

虹膜为金黄色，瞳孔为黑色

大狐猴是大狐猴属唯一的种，为马达加斯加特有。它可以用喉部气囊打出声响，声音可传播到1.2千米远。由于森林被砍伐和农业发展，有些保护区树木遭到非法砍伐，虽然政府采取了保护措施，但其种群数量持续减少。

形态 大狐猴是现存的云猴类中体型最大的种群。头体长64~72厘米，双腿伸直全长可达120厘米，体重6~9.5千克；尾长32.5~64厘米。头部圆小；吻部短且宽；眼睛大且圆；耳朵圆且毛茸茸，如同泰迪熊一般。前肢细短，后肢发达，后肢比前肢长得多；指掌修长，长度约为宽度的6倍，拇指短小。胸部有一对乳头。身体被毛，体毛浓密、细滑，色泽变化很大。头部一般为灰色；耳朵呈黑色；肩部、后背、前肢手掌、后肢两膝及足掌处一般为黑色；腹部及两侧呈深灰色；四肢末端、臀部为白色；有的个体在肩部和四肢有橘红色斑块。

习性 **活动**：树栖，坐着睡觉，两臂抱着树干，头夹在两膝之间，尾下垂并卷成钟表发条状，偶尔会到地面活动；一般为雌雄两只及后代组成小群体生活，数量不超过9只；叫声奇特，有时像母鸡，有时像狗吠；善于在树间跳跃，一般白天活动。**取食**：草食性，吃植物的叶、花、树皮和果实，尤喜食嫩叶；成熟雌性拥有优先进食权，一般会在树木的顶部。**栖境**：马达加斯加东部沿海低地和山地森林中，生活在离地10~30米的树冠。

繁殖 一夫一妻制，当配偶死去后才会找其他异性。雌性妊娠期120~150天，5~7月产仔，干旱地区8月产仔；每胎大多只产1仔。幼仔刚出生时白色，前4个月在母亲怀中度过，4~5个月会移动到母亲背上，8个月后独立活动；2岁时完全独立，7~9岁性成熟。人工饲养状态下寿命为25~40年。

别名：原狐猴 | 分布：马达加斯加岛 | 濒危状态：CR

环尾狐猴 | 科属：狐猴科，狐猴属 | 学名：*Lemur catta* L. | 英文名：Ring-tailed Lemur

环尾狐猴

环尾狐猴属于原始灵长类，吻长、两眼侧向似狐，因尾具环节斑纹而得名。清代乾隆年间画家郎世宁的作品《交趾果然图》中所绘的环尾狐猴尾巴有7个环纹，与现实不符。该种群被列入《濒危野生动植物种国际贸易公约》CITES附录Ⅰ中，禁止国际间的交易。

形态 环尾狐猴头体长30~45厘米，尾长40~50厘米，总体长95~110厘米，体重约2.2千克。头部小，看上去宛如狐狸；耳大，耳朵及周围长有长茸毛；额头低；虹膜呈橙黄色，瞳孔为圆形、深褐色；吻部细长而突出，犬齿稍大。前肢细短；后肢长且发达、粗壮；后足长110~113毫米；前后肢均具5指（趾）；前肢手掌如同人类有指甲，第四指最长；后肢足掌第一趾与其他四趾分开，第一趾比其他四趾粗壮。尾部细长。口鼻部、手掌、脚掌、生殖器处皮肤裸露无被毛，皮肤黑色；身体密布细密毛发，背部浅灰褐色、灰色，腹部灰白色；额部、耳背、颊部和胸部为白色或米白色。在两腋下、肛门处生有臭腺；雌性有两对乳腺，只有一对是有功能的。

习性 **活动**：群居，多5~20只成群，喜聚集在一起相互梳理毛发；领地意识强，臭腺能够分泌液体标记领地；善跳跃攀爬；昼行性，白天活动觅食，喜欢摊开四肢晒太阳；性情温和。**取食**：主要以树叶、花、果实以及昆虫等为食，树叶约占食物总量的34%，果实占47%，花占7%；每天花费3~4小时觅食。**栖境**：多石少树的干燥地区或疏林裸岩地带。

尾上有11~13个黑白相间的环形斑纹

繁殖 每年11~12月发情。为争夺雌性交配权，雄性经常会互相抓咬，且向对方排放刺鼻的臭气。雌性妊娠期4个半月到5个月；每胎产仔1~2只，偶有3只。幼体刚出生时裸露无毛，半年后可独立生活，2~3岁性成熟。寿命约18年。

别名：节尾狐猴 | 分布：马达加斯加岛的南部和西部 | 濒危状态：EN

褐美狐猴 | 科属：狐猴科，美狐猴属 | 学名：*Eulemur fulvus* G. | 英文名：Common brown lemur

褐美狐猴

褐美狐猴有指名亚种和马约特岛亚种两种。近年由于其栖息地的丧失，种群数量在急剧减少。

形态 褐美狐猴头体长43～50厘米，尾部与头体近似等长，体重2～3千克，雌雄无明显差异。上体棕色、黄色或黑色混杂，背侧棕灰色，腹侧灰白色，尾巴颜色较深，脸部略黑，口鼻、头顶和面部呈深色，暗灰至黑色不等，眼睛上方有浅色斑，脸部周围有毛须，耳朵周围、脸颊和下颏底下具苍白及灰棕色被毛。下体稍灰白，尾部被皮浓密，在地面或树枝上运动时背部呈弓形，眼睛呈橙红色。

会向自己身上涂抹尿液作为气味识别的方式

习性 **活动**：一整天均处于活跃状态。通常群体出动，但群体数量不固定。通常集群为3～12只，有时9～12只。对森林适应性很高。**取食**：杂食性，在树上或地面觅食。主要食物为植物果实和树胶，也吃面包、饼干、猴饲料、香蕉、苹果、番石榴、番茄、猴米糕、木瓜、花胡瓜、红萝卜等。在特殊地区也取食昆虫、蜈蚣、马陆等。**栖境**：树栖于热带雨林、潮湿的山地森林和干燥的落叶林中，大部分时间停留于冠层以上。

繁殖 繁殖具季节性，5～6月交配。孕期约120天，9～10月雨季来临前为幼仔出生旺盛期。每胎通常1个，很少有2只。幼仔1～3年性成熟，寿命20～25岁。

中等体型，因吻部延长，形似狐嘴而得名；因脸部略黑，周围具白色毛须，又有白头美狐猴之美称

性情温顺可爱，喜群居，群体间领地有重合，但相邻群体间一般不会接触

别名：褐狐猴、白头美狐猴 | 分布：马达加斯加岛、科摩罗岛 | 濒危状态：NT

鼠狐猴 | 科属：鼠狐猴科，鼠狐猴属 | 学名：*Cheirogaleus major* S. | 英文名：Greater dwarf lemur

鼠狐猴

鼠狐猴最神奇的地方在于有类似于骆驼驼峰的存储能量的尾巴，在旱季进入休眠，主要消耗尾部存储的能量，在休眠期间会消耗高达100克的体重。

虹膜为褐色，瞳孔为纺锤形，黑色

形态 鼠狐猴是原始猴类中体型最小的，头体长167~264毫米，尾长195~310毫米，体重160~600克并随着季节变化。头部近圆，额头低；吻端短，鼻端较小，口中有牙齿36颗；耳大而薄，耳长22~28毫米，耳朵直立，耳内有皮肤褶皱；眼睛大且圆。前肢短，后肢比前肢略长；四肢均具5指（趾），指（趾）细短。身体被覆毛发，毛短且细密；背部、四肢、尾部为灰棕色，带有深浅不一的红、黄色；腹部、胸部颜色较浅淡；鼻梁上有一道白色。尾部粗长，雨季食物充足时会将脂肪存储在尾根部。

习性 **活动**：雌性群居，多达15只，雄性独居或与配偶居住在一起；夜行性，夜间外出活动觅食，独来独往，白天在树枝或窝中睡觉；旱季食物匮乏会休眠，靠消耗尾巴中积蓄的脂肪来提供能量。**取食**：主要吃水果、花卉、花蜜，也吃昆虫和小型脊椎动物；在各种食物中花蜜占主要部分。**栖境**：原始栖息地在马达加斯加岛东部的原生林和次生林中；喜干燥；栖息在掏空树干中，窝中铺干草、树枝、枯叶等。

繁殖 每年有两个发情期，每次发情持续45~55天。雌性阴道口有一个阴道皮盖，未发情或无分娩时皮盖将阴道口闭合，达到天然的避孕效果。雌性妊娠期约4个月，每年出现两次出生高峰期，分别是5~6月和11月~翌年1月，雌性每胎产仔1~3只，多数情况下为2只。幼体哺乳期约45天，两个月后可独立活动，9个月时性成熟。寿命一般为约11年。

别名：侏儒狐猴 | 分布：马达加斯加岛东部沿海地区 | 濒危状态：LC

卷尾猴 ▶ 科属：卷尾猴科，卷尾猴属 | 学名：*Cebus capucinus* L. | 英文名：White-headed capuchin

卷尾猴

温顺可爱，迟钝乖僻

平均脑重量为79克，是一种极其聪明的动物

卷尾猴是一种小型新世界猴，尾长与身长相同，尾端部卷成一圆圈。脸部周围为白色或黄白色，故又称“白头卷尾猴”或“白面卷尾猴”。喉部白色，又有“白喉卷尾猴”之名。

形态 卷尾猴体型中等，体长近43.5厘米，尾略长些，约55厘米，体重达3.9千克，雄性比雌性大许多。脑袋较大，除脸部外全身毛发为灰褐色或黑色，脸周为白色或黄白色，脸部和肩膀为粉红色。头顶处有一个V字形的区域。

习性 **活动**：白天成群活动，每群约20只，猴群内的雄性个体多于雌性，但雄猴为群体首领，在林间跳跃，很少到地面活动。**取食**：多种类型食物，包括水果和一些植物材料、无脊椎动物和小型脊椎动物；也会研磨一些植物作为药材，并会制造工具来取食。**栖境**：树栖性，居住在南美洲和中美洲热带森林的林冠层。

繁殖 全年均可繁殖，雌猴可与多只雄猴交配，妊娠期约180天。幼仔多在旱季和雨季交替初期出生，每胎产1仔，猴群内的所有成员均参与照料幼仔。断奶期约12个月，雌性4岁性成熟，雄性8岁成年。两胎之间相隔至少19个月。寿命15～25岁，最长可活54岁。

卷尾猴之间主要靠狂吠和咳嗽来交流，有时也会以极具威胁性的怒吼和轻柔的声音来传递信息

▶ 别名：白头卷尾猴、白面卷尾猴 | 分布：中美洲和南美洲局部 | 濒危状态：LC

松鼠猴 | 科属：卷尾猴科，松鼠猴属 | 学名：*Saimiri sciureus* L. | 英文名：Common squirrel monkey

松鼠猴

松鼠猴体型娇小，尾部蓬松，身材和松鼠极为相仿。现已分化为指名亚种、哥伦比亚亚种、亚马逊亚种和巴西亚种四种。近年来由于人类活动范围的增大，其数量呈下降趋势。

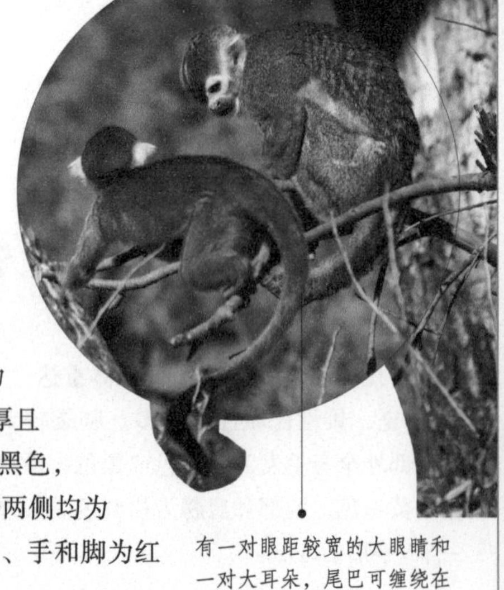

有一对眼距较宽的大眼睛和一对大耳朵，尾巴可缠绕在树枝上

形态 松鼠猴是小型猴类，体长20～40厘米，尾较长，可达42厘米，体重为750～1500克。体形纤细，尾巴长，毛厚且柔软，体色鲜艳多彩，口缘和鼻吻部为黑色，眼圈、耳缘、鼻梁、脸颊、喉部和脖子两侧均为白色，头顶为灰色或黑色。背部、前肢、手和脚为红色或黄色，腹部呈浅灰色。

习性 **活动**：大部分时间在树上，偶尔下到地面活动。白天活动，常10～30只一群，有时达100只甚至更多。各群有地盘范围，用肛腺分泌物作地界。**取食**：杂食性，以水果、草莓、坚果、花、花苞、种子、鸟蛋、昆虫及小型脊椎动物等为食。**栖境**：树栖性，生活在原始森林、次生林及耕作地区以及海平面至海拔1500米高处的树林中，在靠近溪水地带居住。

繁殖 每年9～11月发情交配，妊娠期160～170天，每年产一仔，幼猴出生后即能攀爬。雌性会单独照顾后代至其独立，雄性不参与哺育后代。雄性4岁性成熟，雌性约2.5岁。寿命10～12年。

一种极其聪明的动物，大脑比例大，为1：17，是人类的2倍

通过叫声来传递消息，其叫声共26种，如寻找食物时会发出唧唧声和啾啾声，互相联络；交配时会发出嘎嘎声和低沉震颤声；生气时会发出吼叫声

别名：不详 | 分布：巴西、哥伦比亚、厄瓜多尔、委内瑞拉等 | 濒危状态：LC

白脸僧面猴

白脸僧面猴，圆而略扁的脸孔，脸盘上布满短茸毛，活像老和尚的脸。虽然身躯粗大但极为灵活，一跳能够跳出8~10米，可以在相距十米的树枝间跳跃自如，因此在当地又被称作“飞猴”或“飞人儿”。

形态 白脸僧面猴体型较大，头体长33~35厘米，尾巴长约35厘米，几乎与身体等长。雌雄体型、体色相差较大。头部大，面部圆而扁平，布满短绒毛；眼睛较小，虹膜棕色，瞳孔为黑色圆形；吻、鼻突出，鼻子大且呈黑色。雄性通体黢黑，无杂色，面部为白色或黄棕色，鼻子三角形；雌性呈斑驳黑棕色，有杂乱灰白毛色，眼下有两条苍白色条纹，头部较小，鼻子较短。全身被覆毛发，粗硬且较长、浓密；尾巴粗长，像狐狸尾巴；雌性腹部较淡，红棕色或黑棕色。前肢粗短；后肢发达，较长；四肢均具5指（趾），指（趾）细长，指（趾）端有黑色指（趾）甲；第四指（趾）最长。

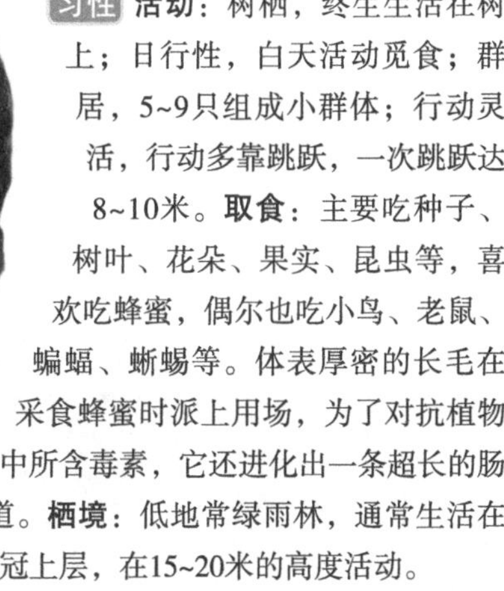

习性 **活动**：树栖，终生生活在树上；日行性，白天活动觅食；群居，5~9只组成小群体；行动灵活，行动多靠跳跃，一次跳跃达8~10米。**取食**：主要吃种子、树叶、花朵、果实、昆虫等，喜欢吃蜂蜜，偶尔也吃小鸟、老鼠、蝙蝠、蜥蜴等。体表厚密的长毛在采食蜂蜜时派上用场，为了对抗植物中所含毒素，它还进化出一条超长的肠道。**栖境**：低地常绿雨林，通常生活在树冠上层，在15~20米的高度活动。

繁殖 一夫一妻制，彼此非常忠诚，平时生活在一起。每年12月到翌年4月交配繁殖，雌性妊娠期163~176天，每胎产1仔。幼仔哺乳期约4个月，2~3岁时性成熟。寿命为25~30年。

别名：白脸狐尾猴、飞猴 | 分布：巴西、圭亚那、苏里南及委内瑞拉 | 濒危状态：LC

棕头蜘蛛猴 | 科属：蜘蛛猴科，蛛猴属 | 学名：*Ateles fusciceps* G. | 英文名：Brown-headed spider monkey

棕头蜘蛛猴

棕头蜘蛛猴属于蜘蛛猴科的一种新世界猴，具有棕色的头部，有两个亚种，分布在厄瓜多尔和哥伦比亚西南与巴拿马东部。

形态 棕头蜘蛛猴头体长39.3～53.8厘米，尾卷曲且较长，为71～85.5厘米，雄性体重8.8～8.9千克，雌性体重约8.8千克，脑重约114.7克。身体呈黑色或褐色，头部为棕色，具有黑白相间的下巴。

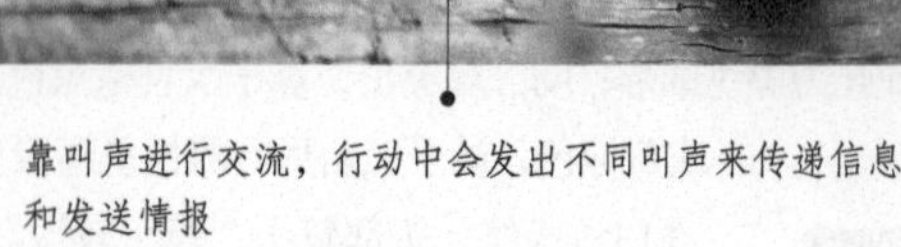

靠叫声进行交流，行动中会发出不同叫声来传递信息和发送情报

习性 **活动**：结松散小群体，每群约20个成员，且群体间很少聚在一起，多单独行动。雄性一般不离开出生的群落，雌性喜欢单独行动或移居其他群落。**取食**：植食性，主要取食植物果实和叶片，也取食坚果、种子、昆虫和蛋类。取食地区往往气候稳定，不必长途迁徙，但在一些干燥地区，它们会为了寻找食物而一天前进18千米。**栖境**：树栖性，喜欢在100～1700米的热带和亚热带潮湿森林中生活，也可在海拔2000～2500米的森林中生活，栖息于林冠层，平均密度约每平方千米1.2只。

善于攀爬跳跃和悬梯，活泼好动

繁殖 全年均可繁殖，雌性常3年繁殖一次。发情期短，仅26天；妊娠期226～232天。每胎1仔，幼仔在母背上待16周，20个月断奶。雌性约51个月性成熟，雄性约56个月。平均寿命24年。

别名：不详 | 分布：哥伦比亚、尼加拉瓜和巴拿马 | 濒危状态：CR

黑掌蜘蛛猴 | 科属：蜘蛛猴科，蛛猴属 | 学名：*Ateles geoffroyi* H.K. | 英文名：Black-handed spider monkey

黑掌蜘蛛猴

除了四肢行走，还会用双臂和尾巴悬挂摆动在树木间活动

黑掌蜘蛛猴其四肢细长且前后掌均呈黑色而得名。它们依靠细长而灵活的四肢以及富有缠绕性的长尾巴，能迅速地在雨林中远距离地跳跃，一跃可以越过10多米。因此，它的四肢就是“四只手”，尾巴就是“第五只手”。

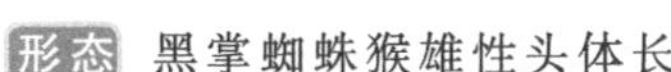

形态 黑掌蜘蛛猴雄性头体长39~63厘米，尾长70~86厘米，体重7.4~9千克；雌性体型略小，头体长31~45厘米，尾长64~75厘米，体重6~8千克。头部小，吻部短；眼睛大且圆；眼周和吻端无毛发被覆呈肉粉色；鼻端短，鼻孔明显，耳朵小。体型纤细，四肢修长；前肢比后肢长25%左右；前后肢均具5指（趾），指（趾）长，呈弯钩状。体表被毛，背部、四肢为红棕色、铁锈色、淡红色或棕色，前肢、后肢、面部有黑色斑块；腹部、胸部、下颌部和喉咙处颜色较淡，呈白色或乳白色。

习性 **活动**：群居，20~42只一群，白天觅食时2~6只结小群体活动；树栖，栖息在树冠上，经常下到地面活动；日行性，白天成群活动觅食，遇到危险时会发出尖叫声彼此提醒。**取食**：主要吃水果，在食物中占到70%~80%，也吃叶、花、种子、树皮、蜂蜜、小昆虫等。**栖境**：热带雨林，待在森林上部树冠中，也经常下到地面活动饮水。

繁殖 全年可繁殖。雌性妊娠期为7~8个月，每胎产1仔，偶尔2只。雌性4年性成熟，雄性5年性成熟。成年雌性的繁殖间隔为2~4年。寿命可达33岁。

幼体出生1~2个月会待在母亲胸前，之后骑到母亲背上，3个月可以自己活动，1岁可单独生活

别名：赤蛛猴 | 分布：墨西哥、哥伦比亚、巴拿马等国 | 濒危状态：EN

菲律宾跗猴 科属：跗猴科，蛛猴属 | 学名：*Tarsius syrichta* L. | 英文名：Philippine tarsier

菲律宾跗猴

圆圆的头可进行180°旋转，膜状大耳壳不时地煽动，睡眠时会折叠起来，将外界声音隔绝

菲律宾跗猴因手脚分明、5指（趾）清晰可辨而得名。它眼睛极大，周围环生着黑斑，鼻子又小又窄，仿佛戴着一副宽边眼镜，又被称作“菲律宾眼镜猴”。

形态 菲律宾跗猴体长约15厘米，重约150克，神似小老鼠，可以在自来水钢笔上爬来爬去。它具厚实的绒状被毛，毛色为灰色、黄褐色、淡褐色等，毛基部为石板灰色，下体毛色较淡。脸面短，有一个短而尖突的嘴巴和很大的犬齿。眼睛异于平常，大得出奇，直视前方。后肢特别长，胫骨和腓骨愈合在一起，后肢肌肉很发达，适于奔跑、跳跃和攀援。除第二、第四指（趾）有爪外，其余各指（趾）均有扁平的指（趾）甲。

习性 **活动**：群居，夜行性，害羞，白天会在靠近地面的阴暗山谷中休息，晚上会以敏锐的目光和惊人的机动能力在树木间穿梭捕食。**取食**：食物主要是虫子，包括昆虫、蜘蛛、无脊椎动物和小型脊椎动物如小蜥蜴、鸟类。捕捉到昆虫后会双手送进嘴里。**栖境**：海拔700米的原始森林及其次生林中，也会在植被茂密的热带雨林及高草、灌木丛中栖息，主要生活在地面2米以上的次生林底层。

繁殖 4～5月交配，雌性发情期为25～28天，妊娠期约6个月。幼仔靠母乳喂养60天，之后开始自主觅食，2年达到性成熟。

通过不同的叫声进行交流

脚底有起皱的皮垫，在指（趾）端扩大成球状肉垫，使其表面积增大，并有吸附作用，且可以增加摩擦力和四肢的握力，即使光滑的石块它也能吸附在其表面上攀援前进

别名：跗猴 | 分布：菲律宾 | 濒危状态：NT

指猴

通过不同气味和叫声交流

聪明好动，单独或成对生活，夜间活动

指猴像大老鼠，因指和趾长［中指（趾）特别长］而得名。

形态 指猴体长30～38厘米，尾长44～51厘米，体重2～3千克。头大而扁，面目如狐，口鼻突出，吻钝，一对黑色耳朵大而善动，耳膜质。身体纤细，四肢较短，腿比臂长。除大拇指和大脚趾是扁甲外，其他指、趾具尖爪。它体毛粗长，黑褐色的体毛由短软的绒毛和粗长的护毛组成，吻部和身体下部为灰白色。脸和腹部毛呈白色，颈部毛长且有白尖；尾比身体长，尾毛蓬松而且粗密，形似扫帚，毛长达10厘米，为黑色或灰色。

习性 **活动**：白天躲在树上睡觉，由于为四足型，夜晚出来时会在地面上四肢齐蹦。**取食**：喜食昆虫幼虫、小甲虫及鸟蛋，不吃大型昆虫。觅食时会用特有的手指抠树干中的虫卵，掏椰壳中的果肉，也吃甘蔗、芒果、可可等，能用它强有力的牙齿咬开椰子等果子的坚壳。**栖境**：热带雨林的大树枝或树干上，在树洞或树杈上筑球形巢，不同的巢穴在连续几天里由不同个体占用。

繁殖 既一夫多妻也一妻多夫，雌性在发情期可与多只雄性交配，持续约一小时，交配后雌性会快速离开并恢复信号引诱其他雄性。没有固定繁殖季节，2～3月为生殖高峰期，隔两三年繁殖1次，每胎1仔。妊娠期160～170天，巢穴稳定，幼仔在巢内的哺乳期约2个月。雌性的1对乳头位于下腹部的腹股沟，乳头位置如此之低，在灵长类中比较罕见。

最喜欢吃树皮下或枯树上的虫卵、幼虫、小甲虫等，对树木而言，起到啄木鸟的作用

婴猴 | 科属：婴猴科，婴猴属 | 学名：*Galago senegalensis* L. | 英文名：Senegal bushbaby

婴猴

通过标记和气味交流，常以尿液标记路径

婴猴也叫塞内加尔婴猴，因体型娇小如婴儿而得名。其形态与懒猴有很多共同之处，曾被列入懒猴科。它喜欢在丛林中跳跃，又得名“丛林婴儿”。它有粗尾婴猴、倭婴猴、婴猴、针爪婴猴、东非针爪婴猴和黑尾婴猴6个种群。

形态 婴猴为一种低等猴，体长11.5～17厘米，尾长15～47.5厘米，体重80～1240克。外貌似松鼠，眼睛和耳朵较大，耳朵像蝙蝠，为膜质，活动时直立，休息时能像扇子一样折叠倒伏，脸像猫。后肢较长，臀部肌肉十分发达，富有弹跳力。被毛细软而密，无光泽，灰棕至褐色，腹面略浅淡。腿比臂大，足很长，指、趾的末端有大软垫，适于在表面光滑的物体上爬行，具扁指、趾甲。颈部非常灵活，能向后回转180°，胸腹部各有1对乳头。

习性 **活动**：昼伏夜出，白天在树枝或树洞中休息，夜行性，视力极强，夜间以小群形式出来觅食，在树林和灌木丛中跳跃，一跃可达3～5米。**取食**：植物及其花果、种子、昆虫（特别喜食蝗虫）、蜗牛、树蛙等，较大型种类的婴猴也取食蜥蜴和鸟蛋，甚至捕捉飞鸟和鼠类。**栖境**：树居，出没在热带雨林、稀树草原和灌丛草地中，有时亦住在废弃鸟巢中。

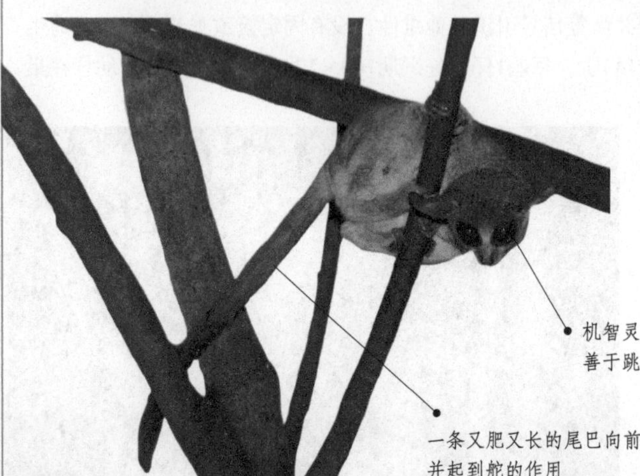

繁殖 一夫多妻制，在树叶做的巢穴中生殖后代，每年11月和2月繁殖，一年两次，孕期110～120天，每胎产1～3仔。幼体4个月大便可生育。

机智灵活，小巧可爱，行动敏捷，善于跳跃

一条又肥又长的尾巴向前竖起，以保持平稳、平衡并起到舵的作用

别名：丛猴、丛林婴儿 | 分布：非洲中部和南部 | 濒危状态：LC

粗尾婴猴 ▶ 科属：婴猴科，大婴猴属 | 学名：*Otolemur crassicaudatus* S. | 英文名：Brown greater galago

粗尾婴猴

眼睛大而圆，一副萌萌的样子

粗尾婴猴是一种夜行的灵长类动物，与懒猴有着某些共同之处，曾被列入懒猴科，后来被列入婴猴科中。它善于跳跃，一次跳跃可达3~5米。

形态 粗尾婴猴是婴猴科中体型最大的一种。头体长26~47厘米，尾长29~55厘米，体重0.5~2千克；雄性体型较大，生长速度较快，平均体重1.5千克，雌性平均体重1.2千克。头部圆，额头低；耳朵大且薄、直立，耳内有褶皱；吻部短，鼻子短且宽；眼睛大且圆，瞳孔呈纺锤形。体型粗壮，全身被覆毛发，短且细密，一般为灰色或深褐色；面部、额头、背部、四肢外侧呈灰棕色，并掺杂灰黑色；口鼻部、耳朵背面为黑色；尾巴粗长，毛发比身体其他部位稍长，颜色呈土褐色，尖端为白色或黑色；胸部、腹部、颈部颜色较浅，呈乳白色或灰色。前肢粗短，后肢粗壮且比前肢长；前后肢均具5指（趾），5指（趾）细长，第四指（趾）最长，指（趾）端均有指（趾）甲。

习性 **活动**：树栖；夜行性，夜间外出活动觅食，白天栖息在树洞里；有固定路线，领地意识强，雄性领地比雌性领地大，一般会用尿液作标记。**取食**：杂食性，吃水果、种子、花、昆虫、蛞蝓、爬行动物与鸟类。**栖境**：原始栖息地在热带和亚热带森林，草原上偶有分布；一般生活在干燥、地势低的地区，平时生活在5~12米高的树上。

颈部非常灵活，能向后回转180°

繁殖 每年6月发情，持续2周左右；雌雄交配持续数小时之久。雌性妊娠期平均为133天，每胎产1~3只，多数情况下为2只。雌性幼体约2年性成熟，雄性要晚一些。寿命为18年左右。

▶ 别名：不详 | 分布：安哥拉、坦桑尼亚、肯尼亚等 | 濒危状态：LC

蜂猴 | 科属：懒猴科，蜂猴属 | 学名：*Nycticebus coucang* B. | 英文名：Sunda slow loris

蜂猴

蜂猴体型较小，因喜欢食蜂蜜而得名，包括9个亚种，其中两个种分布于我国。它平时行动极慢，受到攻击时才加快行动，又常被称作“懒猴”。地衣、藻类可在它身上繁殖生长，使它与周围环境色彩统一，又得雅号“拟猴”。

懒惰，喜欢独自活动

利用视觉、声音、触觉和化学信息、超声波来交流，做气味标记进行通信

形态 蜂猴为一种体型娇小的原始猴类，体长28～38厘米，体重680～1000克，尾长22～25厘米。头圆，吻短，眼大而向前，具暗褐色眼眶和浅棕色三角形眼上斑，眶间至前额为逐渐加宽的亮白色线纹，眼间距很窄，耳郭半圆而朝前。前后肢粗短，等长。体毛短且密，颜色变异较大。眼、耳、面颊、颈侧至肩背呈暗灰白色，背部为棕、棕红或灰色，头、腰及尾基部有浅褐色脊纹，腹面颜色为棕色或污灰白色。

习性 **活动**：活动、觅食、交配、繁殖及休眠等均在树上度过，白天蜷缩成团隐蔽在高大乔木的树洞、枝叶繁茂的树冠附近或浓密枝条的枝杈上休息，黄昏后开始活动觅食，极少下地，夜行性。**取食**：采食热带鲜嫩的植物花叶和浆果，也捕食昆虫，善于在夜间捕食熟睡的小鸟，喜食鸟蛋。**栖境**：树栖性，生活在热带雨林、季雨林和南亚热带季风常绿阔叶林中，栖于1000米以下的低海拔地区。

繁殖 每年6～8月交配，孕期5～6个月。冬末春初产仔。年产1胎，每胎1仔。哺乳期7个月，幼仔8个月单独活动，2～3年性成熟。

肘内侧腺体可产生毒素，梳理毛发时，毒素会遍布其被毛，当受到威胁时会滚成球，只留下有毒的被毛在外面

别名：懒猴、拟猴 | 分布：东南亚和南亚东北部，中国云南和广西 | 濒危状态：EN

红吼猴 | 科属：卷尾猴科，吼猴属 | 学名：*Alouatta seniculus* L. | 英文名：Venezuelan red howler

红吼猴

红吼猴是南美洲的一种吼猴，对于雨声或接近于雨声的声音非常敏感，下雨天会一直吼叫直到雨结束。为了适应环境，红吼猴进化出了独特的下巴和胃。

食物以低糖的叶子为主，每天的睡眠时间接近15个小时

形态 红吼猴雌雄形态差异较小；雄性头体长49~72厘米，体重5.4~9千克；雌性头体长46~57厘米，体重4.2~7千克；均有长尾巴，尾长49~75厘米，尾巴最后三分之一段没有毛发覆盖更加方便抓握。面部裸露无毛；吻部短，鼻端粗短；眼眶朝前，眼睛小呈圆形，虹膜为褐色，瞳孔为黑色。下颌骨发达，舌骨发达。四肢长且粗壮；前后肢均具5指（趾）。面部呈灰黑色；体表被覆毛发，毛发密集呈橘红色，毛色会随着年龄有所褪色。

习性 **活动**：树栖，待在高高的树冠之上；群居，3~8只为一小群，有一只雄性首领负责带领和保卫其他成员；日行性，白天很活跃，结群外出活动觅食，雄性黎明时分会吼叫，可以传到5千米之外。**取食**：以叶子为食，也吃果实、种子、坚果、花朵以及小型爬行动物、昆虫等。**栖境**：原始栖息地在南美洲的热带雨林。

繁殖 一夫多妻制。发情期，雄猴之间会激烈竞争，雌猴伸舌头来吸引雄猴交配。若雄猴没有反应，雌猴就会寻找其他雄猴。雌性妊娠期约190天。幼猴在母猴身边待18~24个月，性成熟时会被赶出群落。散落的雄猴会入侵其他群落，杀死其他群落的雄猴领袖及其幼猴，以消除所有潜在竞争者。雄性入侵后群落的幼猴生存率低于25%。

别名：哥伦比亚红吼猴 | 分布：巴西、哥伦比亚、厄瓜多尔、秘鲁等 | 濒危状态：LC

普通狨 | 科属：狨科，狨属 | 学名：*Callithrix jacchus* L. | 英文名：Common marmoset

普通狨

前腕和小腿的2根骨头分离而且松松地连接在一起，不必连带躯干即可回转前后脚，适合握住树枝

普通狨比松鼠略大，长相酷似狮子头或哈巴狗，脸上的被毛在阳光下会呈现不同颜色，从远处看似具"棕褐色"被毛的小猴子。它有普通狨指名亚种和普通狨黑色亚种两类，目前种群数目相对稳定。

形态 普通狨体长19～25厘米，尾长27～35厘米，雌性体重为260～350克，雄性约450克。大脑比较原始，体温不稳定，毛色为灰色。吻部缩短，面部裸露无毛，轮廓分明，眼眶成环状，两眼向前，眼间距较窄，视觉发达，立体化，锁骨发达，四肢关节灵活，上腕部及大腿部由躯干部分离，因而前后肢可以自由活动。胸前一对乳头，四肢上都具有5指（趾），可灵活稳定地抓握树枝。身体颜色为斑驳的灰棕色，背后部具灰色、橘黄色或黑色的细条纹。尾巴为灰色，有环状白圈。

习性 活动：白天在树上攀爬跳跃，有时出现在平地上。4~15只组成群，通常为一个家庭。**取食**：饮食多样化，以昆虫、蜘蛛、小脊椎动物、鸟蛋、水果、蜥蜴、小鸟或树木渗出液为食。**栖境**：巴西中部和北部的次生林和原始森林以及边缘的部分森林中。

繁殖 每两年繁殖一次，孕期143～153天，每胎产1～3仔。幼仔刚出生时无标志性的白色耳羽，体重25～35克，母乳喂养40～120天，15个月达到成年体重，18～24个月性成熟。

使用瞪眼、眯眼、张口、发声和嗅觉进行沟通、表达情感和传递警报，会压扁耳羽来表示恐惧

耳边有一簇白色长发，通常被称作绒耳狨，前额有一大块白色印记

别名：不详 | 分布：南美洲巴西地区 | 濒危状态：LC

金狮狨 | 科属：狨科，金狮狨属 | 学名：*Leontopithecus rosalia* L. | 英文名：Golden lion tamarin

金狮狨

机智灵活，温柔可爱

金狮狨又称金狨，全身被着长长的金丝状软毛。它长相酷似非洲狮，常被称作“狮面狨”。它包含黑脸狮狨、金头狮狨和金臂狮狨3种，黑脸狮狨存在于巴西大西洋森林中，金头狮狨分布于巴西的巴西亚省境内，金臂狮狨则主要分布在里约热内卢地区。

形态 金狮狨为一种大型狨类，体长20～30厘米，尾巴长31～40厘米，体重0.36～0.71千克。大脑发达，青面蓝鼻，鼻孔朝天，眼眶朝向前方，眶间距窄，眼睛周围有绒毛，下颌长有长獠牙。手和脚的指（趾）分开，大拇指（趾）灵活，多数能与其他指（趾）对握。除大拇指（趾）外，其余各指（趾）都长有利爪，指（趾）间有皮膜相连，形成蹼。最显著的特征是全身金光夺目的丝状长毛，头部及肩部有鬃毛，耳朵藏在毛下，就像一头小狮子。

习性 **活动**：昼行性，生活于树林中，夜间在山洞中休息，白天出来觅食，喜爱在树枝间荡来荡去。活动不受季节限制，尤喜寒冷的雪山森林，即使在-10℃的冬天仍喜欢在雪地上活动。天暖时搬往海拔2500～3000米的高山区以度过炎夏。**取食**：以昆虫和果实为食物，也取食蜘蛛、蜗牛、小型蜥蜴、小鸟及鸟卵等。没有固定的住处，平时生活在树上，偶尔下地活动，吃树皮、树叶、嫩芽、花冠、野果和籽实等。**栖境**：热带原始森林中，白天成群地在绿色密林中穿梭，晚上睡在树洞或树丛中。

通过不同的声音和气味进行交流

善攀援且很敏捷，在地面上通常用四肢走路

繁殖 一夫一妻制，每年6月下旬至9月中旬交配。每年繁殖1～2次，每胎1～3仔，雄性负责照顾幼仔。雌性需15～20个月性成熟，雄性需28个月。饲养条件下寿命可达15年。

别名：狮面狨、金狨 | 分布：南美洲巴西东南部，里约热内卢地区 | 濒危状态：EN

黑长臂猿 | 科属：长臂猿科，长臂猿属 | 学名：*Nomascus concolor* H. | 英文名：Black crested gibbon

黑长臂猿

黑长臂猿系印度支那北部和中国南部特有种，包括滇西亚种、指名亚种、景东亚种、越北亚种、海南亚种和老挝亚种。雄性全身黑漆漆，雌性头顶和腹部有黑斑，手指和四肢呈黑棕色。它们的头顶有棱形或多角形黑褐色冠斑，常被称作“黑冠长臂猿”或“冠长臂猿”。

形态 黑长臂猿为中型猿类，身体矫健，体长43～54厘米，体重6.9～10千克，前肢明显长于后肢，无尾。被毛短而厚密，具明显的二色性，雄性全为黑色，头顶有短而直立的冠状簇毛；雌性体背为灰黄、棕黄或橙黄色，头顶有棱形或多角形黑褐色冠斑。

习性 **活动**：群体生活，种群较大，每群6～10只，活动范围在60公顷左右，远大于其他长臂猿。在茂盛树冠上栖息，白天活动，很少下地，爱在树枝上用前肢攀登或在树枝间来回荡悠，凌空跳跃，长臂攀揽自如。**取食**：贪食淘气，食水果和少量的花、叶、芽与昆虫。不常喝水，主要吸收食物里的水分或雨后舔树叶上的水珠，春旱时才偶尔下地喝水。**栖境**：热带雨林和南亚热带山地湿性季风常绿阔叶林，从不造窝，只在茂密树叶丛里休息。栖息地海拔从100~2500米不等，是已知长臂猿中分布海拔最高的一个种。

繁殖 一夫多妻制，社群配偶制为1只成年雄性和2只成年雌性，受干扰的小群才是一夫一妻制。每年1胎，5～6月产仔。一胎1仔，6～7岁性成熟。饲养寿命可达30余年。

因臂长喜欢在林中悬摆而出名，荡悠时用前掌四指搭一把便腾跃而过，不必靠拇指抓握树枝

通过鸣叫进行交流，雌雄个体的叫声在音调和音节上都没有任何重叠

机智灵活，温柔可爱

别名：黑冠长臂猿、冠长臂猿 | 分布：中国、老挝和越南北部 | 濒危状态：CR

白眉长臂猿 | 科属：长臂猿科，白眉长臂猿属 | 学名：*Hylobates hoolock* M.&G. | 英文名：Hoolock gibbon

白眉长臂猿

白眉长臂猿包含东部亚种和西部亚种。雌雄异色，雄性周身黑色或黑褐色，额部有一道明显的白纹，如同白色的眉毛，因此得名。它手臂较长，面部像猴，多在林叶间活动，常被称作“长手猴”或“叶猴”，此外喜欢清早大声啼叫，声音洪亮，“呼——克，呼——克”的，又名“呼猴”。

形态 白眉长臂猿体型较大，头部小，面部短而扁，体长45～65厘米，体重10～14千克，无尾，前肢明显长于后肢。体毛蓬松，雄性褐黑色或暗褐色，头顶的毛较长而披向后方，头顶扁平，无直立向上的簇状冠毛。雌性全身大部分为灰白或灰黄色，眼眉较浅淡，颜面宽阔而被以灰白短稀毛，面周更趋浅淡，白色。

习性 **活动**：常年生活在树上，不筑巢，严格树栖，觅食、睡觉、休息在树上进行，很少下地活动，偶尔到地上行走。走路时身体半直立，两臂弯在身子两侧，有时举过头顶，一摇一摆。**取食**：以多种野果、鲜枝嫩叶、花芽等为食，偶尔捕食昆虫或小型鸟类。**栖境**：南亚热带季风常绿阔叶林，在云南西部为海拔2000～2500米的中山湿性常绿阔叶林和落叶阔叶林，冬季常向下作垂直迁移。

繁殖 每年9月至翌年2月发情交配，雌兽发出低而急促的哼叫声，交配后雄兽很兴奋。平均每3年产1胎，每胎1仔，怀孕期7～7.5个月。初生幼仔体毛乳白色，6个月后变为灰黑色。7～8岁时性成熟，寿命20～30年。

喜欢把自己悬挂在树枝上，像荡秋千似地荡越前进，动作迅速准确

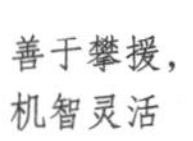

善于攀援，机智灵活

通过不同的叫声传递和交流信息

别名：长手猴、呼猴、叶猴 | 分布：孟加拉国、中国、印度、缅甸 | 濒危状态：EN

白掌长臂猿 科属：长臂猿科，长臂猿属 | 学名：*Hylobates lar* L. | 英文名：Lar gibbon

白掌长臂猿

善于攀援腾跃，机智灵活，听觉和嗅觉灵敏

白掌长臂猿因手、足为白色或淡白色而得名。面部自眉的边缘经面颊到下颌有一圈白毛形成的圆环，把脸部勾勒得十分醒目。它包括泰国亚种、马来亚种、指名亚种、印尼亚种和云南亚种5种，在中国，该物种仅分布于云南省临沧市西南部的南滚河自然保护区。

形态 白掌长臂猿雌雄个体差异显著，雄性头体长43.5～58.5厘米，体重5.0～7.6千克；雌性头体长42～58厘米，体重4.4～6.8千克。全身体毛密而长，较蓬松，呈黄褐色，不同亚种之间色泽稍有变化。面部棕黑色，手、脚的毛色很淡，远看近似白色。腿短，手掌比脚掌长，手指关节长。身体纤细，肩宽而臀部窄。有较长的犬齿。臀部有胼胝，无尾和颊囊。喉部有音囊，善鸣叫。

性胆怯，怕冷

习性 **活动**：集群生活，一般5～8只成群，白天在森林20~30米高的树上用两臂攀抓树枝摆动、腾跃，前后肢并用，速快如飞。**取食**：以各种热带浆果、核果和多种嫩树叶、芽、花等为食。**栖境**：热带、亚热带的密林中，主要在南亚热带季风常绿阔叶林，生存地海拔一般在1000～2000米。

繁殖 四季均可繁殖，每两年生一胎，冬春季交配。孕期7～8个月，每胎产1仔，幼仔体色呈淡黄色，体重110~170克，4～5月后变成黑色或棕黑色。6个月断奶，8个月能独立生活但不离群，约6岁接近性成熟时才脱离群体独立生活，7～8岁时性成熟。寿命约25年。

自眉边缘经面颊到下颌有一圈白毛形成的圆环
通过鸣叫来传递和交流信息

别名：白手长臂猿 | 分布：中国云南和越南、老挝、柬埔寨等 | 濒危状态：EN

倭黑猩猩 | 科属：猩猩科，黑猩猩属 | 学名：*Pan paniscus* S. | 英文名：Bonobo

倭黑猩猩

倭黑猩猩与黑猩猩外表相似，身子直立能力更好，身形较修长苗条，脑容量较黑猩猩低，是一种濒临灭绝的动物。

喜爱和平，友好且忠诚

形态 倭黑猩猩雄性体长73～83厘米，雌性约70～76厘米，成年用腿直立时可达115厘米；雄性体重40～45千克，雌性约30千克。全身黑色，被毛较短，臀部有1白斑，面部呈灰褐色，手和脚灰色并覆以稀疏黑毛。耳朵特大，向两旁突出；眼窝深凹；眉脊很高；头顶毛发向后，犬齿发达，齿式与人类相同；无尾。

习性 **活动**：几乎所有时间都在树上，在树上营简单的巢，在树枝上觅食水果，也能用略弯曲的下肢在地面行走。有一定的活动范围，面积26～78平方千米，觅食区域往往是它们集中的地点。不同群体之间也相互往来。**取食**：食量很大，主要吃水果、树叶、植物根茎、花、种子和树皮，有些个体也取食昆虫、鸟蛋或捕捉小羚羊、小狒狒和猴子。**栖境**：热带雨林。

繁殖 高度混交，比其他灵长类动物交配更频繁，从异性恋到同性恋都有。一年四季均可交配。孕期8～9个月，每胎1仔；哺乳期1～2年，雌性5~6年生1只，性成熟期约12年。寿命约40年。

能辨别不同颜色和发出32种不同意义的叫声，会使用简单工具，是已知仅次于人类的最聪慧的动物

别名：矮黑猩猩、侏儒黑猩猩 | 分布：非洲刚果地区 | 濒危状态：EN

黑猩猩 | 科属：猩猩科，黑猩猩属 | 学名：*Pan troglodytes* B. | 英文名：Common chimpanzee

黑猩猩

靠各种面部表情、姿势和声音来进行沟通

聪慧活泼，机智好动

黑猩猩为四大类人猿之一，是人类的近亲，与人类基因相似度达99%，所以有学者主张将黑猩猩属的动物并入人属。

形态 黑猩猩体长70～92.5厘米，站立时高达1～1.7米，雄性体重56～70千克，雌性体重45～68千克。身体被毛黑色且较短，臀部具白斑，面部灰褐色，手和脚灰色并覆以稀疏黑毛，四肢修长且皆可握物，手长可达24厘米，能以半直立方式行走。耳朵特大，向两旁突出，眼窝深凹，眉脊很高，头顶毛发向后，犬齿发达，齿式与人类相同，无尾。

习性 **活动**：近于树栖，也能用略弯曲的下肢在地面行走。营集群生活，每群通常为2～20只不等，最多可达80只。有一定活动范围，面积26～78平方千米，觅食区域往往是它们集中的地点，各群体之间会相互往来，母子关系会长久保持，分群后还时常回群探母，有午休习性。**取食**：食量很大，每天要用5～6个小时觅食，主要吃水果（香蕉为主）、树叶、根茎、花、种子和树皮，有些个体也取食昆虫、鸟蛋或捕捉小羚羊、小狒狒和猴子，雄性获得的猎物允许群内成员共享。**栖境**：热带雨林，在树上造简单巢穴。

繁殖 高度混交的动物，比其他灵长类动物交配更频繁，从异性恋到同性恋都有。频繁的交配被认为是巩固社会联结、消除冲突的表现。无具体繁殖季节。雌性发情期表现为臀部肿胀，孕期8～9个月，每胎1仔，哺乳期约3年。雌性3～6年产1仔，性成熟期约10年。寿命约50年。

别名：不详 | 分布：非洲西部和中部 | 濒危状态：EN

大猩猩

大猩猩是灵长目中体型最大的一种猩猩，身材与成人极像，好多人把它看做类人猿。其包括西部低地大猩猩、东部低地大猩猩和山地大猩猩3种，生活在非洲东部和西部一些国家山地和森林中。

使用不同叫声来确定自己群内的成员和其他群的位置，以及用来作为威胁的声音

形态 大猩猩身宽体胖，站立时身高1.6～1.8米，雄性比雌性大。雌性体重60～100千克，雄性130～180千克。面部和耳上无毛，眼上的额头往往很高，下颚骨比颧骨突出，上肢较下肢长，两臂左右平伸达2～2.25米，吻短，眼小，鼻孔大，无尾。犬齿特别发达，齿式与人类相同。体毛粗硬，呈灰黑色，毛基部为黑褐色，成年雄性的腰背部有灰白色毛区，老年雄性个体背部为银灰色，胸部无毛。

习性 **活动**：群居，昼行性，每群由一个被称为“银背”的成年雄性领导，有数只雌猩猩和幼仔，“银背”带领大家觅食和寻找夜晚栖息地，折弯树枝来搭窝睡觉。“银背”用喊叫捶胸等方式赶走其他雄性，群与群之间很少厮杀。**取食**：草食性，以生果、树叶及树枝为食。**栖境**：低地大猩猩喜欢热带雨林，主要生活在树上；山地大猩猩喜欢山林，主要栖息在地面上。

繁殖 一夫多妻制，繁殖期不固定，3～4年繁殖一次，孕期8～10个月，每胎1仔，初生体重约2千克，发育很快，3个月后可以爬行，随母亲生活3～4年，7～10年性成熟。寿命40～50年。

我是温和、善良、安静的素食主义者

长鼻目

PART 6
194~197页

非洲象 | 科属：象科，非洲象属 | 学名：*Loxodonta africanna* G. | 英文名：African elephant

非洲象

耳朵大如蒲扇（可将亚洲象区分开来），上下可长达1.5米

聪明，温和，易驯服

长鼻子上就有10万块肌肉，用以饮水、取食

非洲象是陆地上最大的哺乳动物，有草原象和森林象两种。它耳大牙长鼻灵巧，皮厚额凸肌肉多。

形态 非洲象肩高2.4～3.2米，体重3～5.5吨，有个体超过7吨。前额突起，背部倾斜，肩部是最高点，皮厚多褶而毛很少，鼻端有两个敏感灵巧的指状突起。雌、雄均有长獠牙，雌性的相对小。前足五蹄、后足三蹄。

习性 **活动**：喜群居，一群20～30头，由雌象统帅，成员多是它的后代；雄象在群体中没地位，15岁就必须离开群体，交配期间才偶尔回到群体中。群体中有严格的等级制度，无论吃喝、交配和走路都按照地位高低井然有序。每天饮水量114～190升。**取食**：草食性，靠长鼻子和长牙取食香蕉、青草、树叶、树皮、果子等，一天要有16个小时采集食物，一天一只成年象可吃进150～280千克食物，消化系统效率只有40%。**栖境**：热带草原和稀树草原地区。从海平面到海拔5000米的多种环境，包括森林、开阔草原、草地、刺丛及半干旱丛林。

繁殖 全年均可交配繁殖，孕期21～23个月，是哺乳动物中孕期最长者之一。约每4年怀1胎，每胎产1仔，雌象一生可产4～5胎。寿命60～70岁。

每个群体都有联络声音和气味，
无论多远都能找到家族的去向

别名：非洲草原象 | 分布：非洲大陆 | 濒危状态：VU

科属：象科，亚洲象属 | 学名：*Elephas maximus* L. | 英文名：Asian elephant

亚洲象

温顺友善，易被驯服，喜水，经常洗澡或泥浴

常走3～6千米去觅食，奔跑时速达36千米

褐色眼睛长睫毛，耳朵不是太大，后折可遮住颈部两侧，白白的象牙弯弯上翘，满满一长鼻子水在阳光下肆意喷洒，犹如“出水芙蓉”——它就是现存动物中鼻子最长的亚洲象，有锡兰象（斯里兰卡象）、印度象、苏门答腊象、婆罗洲侏儒象4个亚种。锡兰象是现存最大的亚洲象亚种，而婆罗洲侏儒象是亚洲象属最小的亚种。

形态 亚洲象成年雄性身长5～7米，肩高2.4～3.1米，尾长1.2～1.5米，重2.7～5吨，雌象体形稍小。全身深灰色或棕色，毛发散生于褶皱的厚体表，皱折深达十几厘米。只有雄性有象牙，长1.5～1.8米。前额左右有两个隆起。头盖骨很厚，骨骼内充满气孔。背部上弓，四肢粗壮，如柱子般垂直于地面。

习性 **活动**：喜群居，每群数头或数十头不等，由一头最强壮的雄象作群首，多数雄象性成熟后会离开象群。活动范围很广，无固定住所。**取食**：草食性，常在早、晚和夜间觅食竹笋、嫩叶、野芭蕉和棕叶芦等。常会长途跋涉寻找水源。**栖境**：亚洲南部热带雨林、季雨林和林间的沟谷、山坡、稀树草原等地带。常在海拔1000米以下的沟谷、河边、阔叶混交林中游荡。

繁殖 无固定发情期，5～6年繁殖一次，每胎产1仔。孕期18～22个月，哺乳期约2年。雌象9～12岁性成熟，雄象10～17岁。平均寿命65～70岁。

长鼻子表面光滑，直垂地面，是取食、吸水和自卫的有力武器

眼小耳大厚脊梁，鼻长毛少腿粗壮，是亚洲体积最大、现存动物中鼻子最长的哺乳动物

别名：印度象、大象、野象 | 分布：东南亚、南亚等热带地区 | 濒危状态：EN

非洲森林象

非洲森林象被认为是非洲草原象的亚种，但通过DNA对比两者的分化时间在190万~670万年前。近20年来由于被猎取象牙而遭捕杀，数量锐减，现存总数量不超过12.5万只。它通过进食帮助植物散播种子，在它的脚印里还生活着一种鳉鱼，如果水干涸了，鳉鱼卵能在空气中存活4个月之久，待到有水时重新孵化。

形态 非洲森林象是现存大象中体型最小的一种；身高2.1~2.5米，平均体重为3.5吨，最重可达到6吨。下颚骨长且窄；耳朵圆，没有棱角。前足5指，后足4趾。鼻与上唇合成圆筒状长鼻，两个上颌门齿大而长，就是所谓的“象牙”；雌雄均长象牙，但雌性牙齿较小，口中一般每侧有三个前磨牙和三个后磨牙。象皮厚，毛少，有皱折，纹路深达十几厘米，皮肤呈浅灰色。

习性 **活动**：群居，2~8头一群，由年长雌性担任首领，群体一般是由母亲和几个孩子组成；雄性除繁殖季节外单独活动；在热带雨林中靠声音交流。**取食**：主要以树叶、果实和树皮为食，偶尔会舔矿物盐或到林间空地的水塘取食含矿物质的塘泥。**栖境**：非洲中、西部降雨量充足、湿度较大的热带雨林，尤其是刚果盆地一带。

繁殖 无固定发情期，全年均能交配繁殖，雄性通过搏斗赢得交配权。雌性妊娠期为21~23个月，是哺乳动物中时间最长者之一；每胎一般产仔1只，繁殖周期为5~6年；每只雌性一生可产4~5胎。刚出生的幼象体重约109千克，无牙齿；在5岁之前，母亲会一直陪在身边，幼象生长速度很慢，13~14岁时性成熟。寿命为60~70年。

别名：森林象、圆耳象 | 分布：塞内加尔、冈比亚等 | 濒危状态：VU

婆罗洲侏儒象

婆罗洲侏儒象是马来半岛东南婆罗洲的珍稀物种之一，也是婆罗洲最神秘、最富魅力的动物之一，因为它们生活在雨林深处，行踪飘忽不定。其起源存在争议，因为婆罗洲岛上没有发现过它的化石，当地土著语中也没有象这个词，所以有人认为它是人类近代从亚洲其他地区带进婆罗洲的。

拥有较小的头盖骨和变形的象牙，看上去与其他亚洲象有很大差异

形态 婆罗洲侏儒象形体小于普通亚洲象，面孔像其他象种的婴儿，耳朵大，尾巴很长，几乎垂到地面。身体灰色，无大的褶皱，四肢粗壮强健，象牙较其他象种短。

习性 **活动**：以母系氏族方式群居生活，30~50头象组成一个象群，但经常会分开几天或者几星期。**取食**：食物来自至少49属162个不同种的植物，包括几种龙脑香科树种。一只成年侏儒象每天要吃150千克的棕榈叶、香蕉等。**栖境**：地势平缓的低地和河谷区域的森林地区。

繁殖 同亚洲象。

性情特别温和，比其他大象种类要温和得多

相传18世纪时，印尼爪哇统治者送给菲律宾苏禄统治者少数爪哇侏儒象作礼物，后者把这些象运到婆罗洲岛遗弃，从那以后婆罗洲岛就有了象

别名：婆罗洲大象、侏儒象 | 分布：婆罗洲岛北部 | 濒危状态：EN

啮齿目

欧亚红松鼠 | 科属：松鼠科，松鼠属 | 学名：*Sciurus vulgaris* L. | 英文名：Red squirrel

欧亚红松鼠

觅食时多为独行侠，怕羞并拒绝分享食物

欧亚红松鼠眼睛大而圆，在欧亚大陆十分常见。每年8~11月耳朵上会长出明显耳羽，甚是可爱。有研究指出欧亚红松鼠有超过40个亚种，1971年出版的一份刊物表明至少有16个亚种已被确认。

形态 欧亚红松鼠体长19~23厘米，体重250~340克，雌雄体型相当。毛色随时间、地点变化，由黑到棕甚至红色，腹上体毛是一致的乳白色。在英国红色被毛最常见，在欧亚其他地区不同颜色被毛的品种同时存在。

习性 **活动**：早上及午后到傍晚较活跃，中午待在巢内以避开炎热天气和猛禽搜捕。冬天活动时间根据需要和天气而变化。**取食**：杂食性，主食种子，特别是球果内的种子，还吃真菌、鸟蛋、浆果及嫩枝、树汁。**栖境**：温带针叶林和温带阔叶林，爱用树枝组成一个25~30厘米的半球形底，混入苔藓、树叶、树皮及野草等构巢。有时也栖身于地穴和由啄木鸟留下的洞穴里。

有四指（趾），弯曲的利爪使得它们能攀上悬于半空的树枝

繁殖 每年2~3月、6~7月交配，每胎3~4只，多达6只。孕期约38天。初生幼仔第21天有毛发覆盖，眼睛和耳朵三四周后打开，42天后牙齿长出可出巢觅食。寿命约3年。

长尾巴可以帮助平衡，还能在睡眠时保暖

季节性换毛，夏天被毛较细薄，冬天则厚重色沉

一生中60%~80%的时间在与食物打交道，积谷防饥：储藏多余食物供短缺时食用，埋在泥下及树木上隐蔽角落等，但由于记性不佳，多数食物将永埋地下而不复见天日

别名：红松鼠 | 分布：欧亚大陆温带针叶林、温带阔叶林 | 濒危状态：LC

岩松鼠 | 科属：松鼠科，岩松鼠属 | 学名：*Sciurotamias davidianus* D. | 英文名：Chinese rock squirrel

岩松鼠

没有冬眠习性

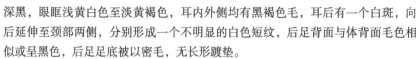

岩松鼠是中国特有物种，有3个亚种，可笼养观赏，毛皮可制衣帽和手套等，其骨骼（亦称臊挠子骨）常用于治疗骨折。

形态 岩松鼠体型中等，体长18~25厘米，耳长2.3~2.8厘米。头颅为长椭圆形，吻长而宽，鼻骨较长。耳大明显，四肢略短。背部及四肢外侧为青黄色，毛尖浅黄色，中间混有全黑色针毛，腹面及内侧为浅灰黄色，颈部略带白，眼与耳间色黄，鼻前部色深黑，眼眶浅黄白色至淡黄褐色，耳内外侧均有黑褐色毛，耳后有一个白斑，向后延伸至颈部两侧，分别形成一个不明显的白色短纹，后足背面与体背面毛色相似或呈黑色，后足足底被以密毛，无长形蹠垫。

习性 **活动**：昼行性，早晨与16:00左右最为活跃。多树栖与半地栖，也能攀于树上。常在林缘、灌丛、耕作区及居民点附近活动。**取食**：以野生植物种子、山桃和杏等为主食，有时也盗食农作物和刚播种的作物种子。**栖境**：在岩石缝隙、石洞中作窝，多在山地、丘陵多岩石或裸岩等地，喜欢油松林、针阔混交林、阔叶林、果树林、灌木林等开阔不封闭的环境。

性机警，胆大

在丘陵地带对梯田农作物为害大

冬季活动量少，日出之后活动，天敌主要是食肉猛禽和猛兽

繁殖 每年1~2胎，每胎2~5仔，最多8仔。3~4月交配，4~5月分娩。初产仔无毛，未睁眼，约30天睁眼，约50天离巢。寿命为3~12年。

别名：扫毛子、石老鼠、毛老鼠 | 分布：中国东部和中部地区 | 濒危状态：LC

条纹松鼠 科属：松鼠科，条纹松鼠属 | 学名：*Menetes berdmorei* B. | 英文名：Berdmore's ground squirrel

条纹松鼠

条纹松鼠后背条纹类似于花鼠（五道眉），在我国分布于云南南部建水、景东、绿春等地，在国外分布在缅甸、泰国、印度支那和马来半岛。它的头部和吻部很尖，像老鼠，行动速度快，早晨最活跃，像在向大自然彰显它的勤快。

形态 条纹松鼠体长17~21厘米，尾长14~18厘米。头部很尖，吻部也尖，门齿呈深橙色。它的毛柔软而密厚。头部赤色，体背面一般灰黑色带橙色，具有多条纵纹，背中央有1条淡色纹，两侧各有2条黑纹和2条淡黄白色纵纹，头赤色，尾蓬松，毛色似体背面或略为浅淡。体腹面白色或淡黄色，至尾部下面逐渐变为赤色。后足足底有6个肉垫。

习性 **活动**：日间活动，清晨最活泼，常下地活动，动作迅速。一到傍晚就睡觉。不冬眠，但冬季活动减少，严冬寒冷之际很少出窝活动。**取食**：不详。**栖境**：热带雨林茂密的青草深处，矮藤、树林和竹林中，常出现在村庄附近的田园中。

繁殖 不详。

背部有数条斑纹，较小型，如刚离巢的幼小松鼠
尾长超过体长一半，尾毛蓬松而较背毛稀疏，尾端白色尤为明显

别名：多纹松鼠、线松鼠 | 分布：中国和缅甸、泰国等 | 濒危状态：LC

花鼠 | 科属：松鼠科，花鼠属 | 学名：*Eutamias sibiricus* L. | 英文名：Common chipmunk

花鼠

花鼠因体背有五条明暗相间的平行纵纹而得名“五道眉”。它体型小巧玲珑，尾毛蓬松，灵活可爱。被毛轻而暖，毛绒细密，毛色光润美观，尾毛可制作高级画笔和精密仪器刷子。

形态 花鼠长约15厘米，重100克以上。头骨轮廓为椭圆形，有颊囊，圆眼睛又黑又亮。耳郭明显露出被毛外，无簇毛。耳黑褐色，边缘为白色。眼上下缘呈白色。头部至背部呈黑黄褐色，体背有五条明暗相间的平行纵纹，正中一条最长，黑色，自头顶部后延伸至尾基部，最外两条围有白纹。尾毛上部为黑褐色，下部为橙黄色。四肢略长，淡黄色。前足掌裸，具2掌垫，3指垫；后足掌被毛，无掌垫。

习性 **活动**：白天在地面活动，晨昏最活跃，行动敏捷，善爬树，能攀登陡坡、峭壁。半冬眠性，入冬前大量进食积储脂肪。**取食**：杂食性，食各种坚果、豆类、麦类、谷类及瓜果，秋季利用颊囊“盗运”大量粮食，一个“仓库”可存粮2.5~5千克，但健忘，一定程度起了帮助植物播种的作用。**栖境**：林区及林缘灌丛和低山丘陵的农区，多在树木和灌丛的根际挖洞或利用梯田埂和天然石缝穴居。春夏季洞穴无储粮室，被用来养育幼仔，巢室较浅，洞道长短不一，长者可达两三米，有1~8个小洞口。越冬洞通常有一储粮室，洞道较深，洞道很少分支。

繁殖 每年1~2胎，每胎4~5仔。孕期、哺乳期均为1个月。3个月性成熟。寿命5~10年。

别名：五道眉 | 分布：中国中部、北部，西伯利亚，朝鲜和日本北部 | 濒危状态：LC

黑尾土拨鼠 | 科属：松鼠科，草原犬鼠属 | 学名：*Cynomys ludovicianus* O. | 英文名：Black-tailed Prairie Dog

黑尾土拨鼠

黑尾土拨鼠生活于北美洲大平原，不像其他土拨鼠需要冬眠，但可能会在短期内处于休眠状态。它的居住洞穴仿佛是一个独特的地下城镇，生活方式趋于“社会化”，甚是可爱！

形态 黑尾土拨鼠体长28~43厘米，尾长6~10厘米，重0.5~1.5千克。身体圆胖肥壮，头部短而阔，颈部粗短，耳朵短小，能够站立观望。体毛主要为灰褐色，腹部为灰黄色，黑色的尾巴是其身份的最典型特征。

习性 **活动**：白天活动。穴居，善于挖洞，进口处有一圈堆高敲实的泥土形成“防洪堤”，穴口下90厘米深处有个守卫室，是遇到危险时退避躲藏处，从这里有几条岔道通向居住室、储藏室，主巢设在地穴尽头处并铺有草垫。**取食**：以草本植物为食，在不同时期取食不同的牧草，干旱时会迅速改变饮食习惯。食物有小麦草、野牛草、莎草、俄罗斯蓟（猪毛菜碱）、仙人掌等。会在秋天拼命地吃，以堆出一圈脂肪抵抗草原严寒的冬季。**栖境**：北美洲大平原。

繁殖 一夫多妻制，2~4月交配，孕期33~38天，2岁性成熟。每只雌鼠只产一胎幼仔，产2~3仔。寿命5~8年，雌性寿命较长。

我看起来肥肥的，又机灵
根据自然地形将洞穴分成若干个区，仿佛是一个“城镇”，保持着一种社会性结构，“城镇”居民几乎平均分布，一代代地传下去；一个群体占地通常约2公顷，这是“城镇”的基本单位；同一集群成员共用一条特别建造的地道，共享领域里的食物

别名：黑尾草原犬鼠 | 分布：加拿大、墨西哥、美国 | 濒危状态：LC

金仓鼠 | 科属：仓鼠科，金仓鼠属 | 学名：*Mesocricetus auratus* W. | 英文名：Golden Hamster

金仓鼠

金仓鼠是最广为人知的仓鼠，小巧可爱，是当今社会最受欢迎的宠物之一。不过它们在野外可能已绝迹，今天饲养的金仓鼠几乎全是一位以色列生物学家在叙利亚发现的一对金仓鼠的后代。

颊囊可从脸颊扩展到肩膀，是运送食物到洞穴的有力又便捷的工具

形态 雄性金仓鼠重85~130克，体长12~20厘米，雌性略重和长。有长毛种和短毛种，毛质分光滑柔亮和蓬松柔软两种。它和别的老鼠最不同的是被毛颜色，其毛色并非全是金黄色，多半是单色、双色，少见三色。

门齿终生生长，为避免长得太长、妨碍咀嚼，必须不断地啃硬东西磨牙

习性 **活动**：夜行性，善于挖掘洞穴，能利用臀部腺体分泌有特殊气味的分泌物来标记洞穴所在或记忆路线。**取食**：杂食性，食物有杂草种子、香蕉、苹果、坚果、豆芽、昆虫、肉蛋类等。喂水时必须用瓶子或碗，它缺水容易脱水而亡。食物充足时会选择囤积食物。**栖境**：野外生存于荒漠等地带。

繁殖 性成熟的雌鼠每四天进入发情期。每胎4~17仔，多数8~10仔，孕期15~17天，新生幼仔重约2克，哺乳期20~25天，6~8周性成熟。雌性产后几乎可以立即进入发情期并怀孕。寿命2~3年。

有超过30种花色，包括淡黄色、浅褐色到巧克力色和各种不同斑纹
比一般老鼠小，绝对爱干净，身上无不良气味，性情温顺可爱，领域意识非常强

别名：黄金鼠、金丝熊 | 分布：叙利亚、黎巴嫩、以色列 | 濒危状态：VU

长尾南美洲栗鼠 科属：美洲栗鼠科，绒鼠属 | 学名：*Chinchilla lanigera* B. | 英文名：Long-tailed chinchilla

长尾南美洲栗鼠

长尾南美洲栗鼠体型小而肥胖，酷似宫崎骏电影中的龙猫，因遭到人类的大肆捕杀，曾一度被认为灭绝。从1923年到1950年，在人工饲养培育下种群数量恢复到约100万只；2011年被列为濒危物种。它拥有世界上最浓密的被毛；每个毛孔40~60根绒毛，多达80根，一年四季均会换毛。

鼻侧有长短不一的胡须

形态 长尾南美洲栗鼠体型小且肥胖；头部似兔，尾巴似松鼠。头体长约260毫米；尾长为身体总长度的三分之一，长度约100毫米；雌性体型较大，体重可达510~700克，雄性体型较小，体重为425~570克。头部呈V形，眼睛大而亮，呈黑色；耳朵大而薄，直立，钝圆形。前肢短小，有四指；后肢发达，有四趾，可以后肢单独支撑站立。体毛浓密，分布均匀；尾部毛发较长。背部和腹部两侧为灰黑色，腹部颜色较淡；毛发色泽带蓝色；人工还培育出纯白、纯黑、纯灰等多种体色的个体。

习性 **活动**：群居，14~100只组成群体；性情温和，好奇心强；听觉、嗅觉发达；善跳跃；具有夜行性，夜间外出活动觅食；受到威胁时会喷洒尿液，被咬时会脱毛。**取食**：主要以树皮、树根、仙人掌、水果、种子和小昆虫为食。**栖境**：原产于南美洲安第斯山脉海拔约1600米的山区，气候干燥，昼夜温差大；栖息在山洞、灌木及石缝中，喜欢凉爽环境，温度过高可引起中暑死亡。

繁殖 一年四季均能繁殖；雌性妊娠期约110天，比大多数啮齿动物要长。每年产1~2胎，每胎1~2只。刚出生的幼鼠全身有毛，眼睛睁开。寿命为10~20年。

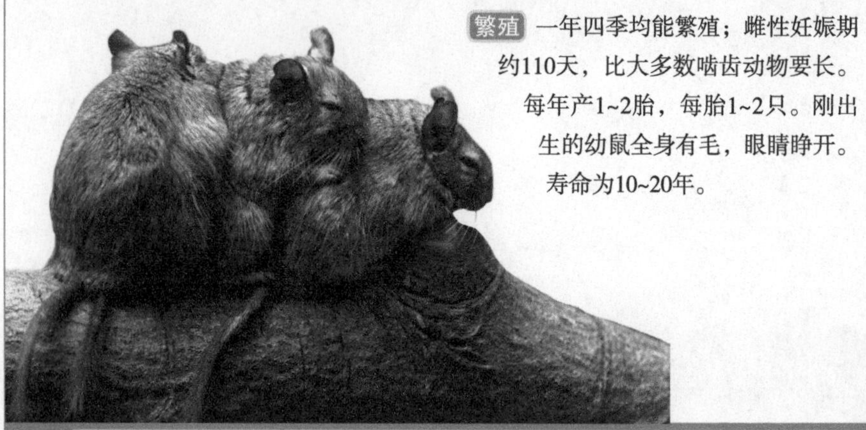

别名：龙猫 | 分布：智利、秘鲁、阿根廷和玻利维亚山区 | 濒危状态：EN

欧亚河狸 科属：河狸科，河狸属 | 学名：*Castor fiber* L. | 英文名：Eurasian beaver

欧亚河狸

欧亚河狸是一种半水栖的珍贵哺乳动物，是体型最大的啮齿动物，有“水利工程建筑师”之美誉，有7个亚种。它的被毛出水而滴水不沾，其香腺分泌物——河狸香是世界上四大动物香料之一，并且作为古脊椎动物的一种活化石具有较高的研究价值。

视力、听力不足，性情温和、机敏胆怯，领域性很强

形态 欧亚河狸体长70~100厘米，重11~30千克，体形肥圆。毛色主为棕褐色，外层毛粗长，内层细密柔软而光亮。前肢弱小，无蹼，有利爪，后肢短健，能支持半直立行走，趾间有宽大的蹼。

习性 **活动**：夜行性。不冬眠，但秋末冬初储存食物：啃倒巢穴上游的树木，断成约1米长的短棒，水路运送，将一头插入洞口泥底中固定，再堆积大量枝条构成食物堆。**取食**：植食性，食物200多种。**栖境**：水深、岸高、林密的环境，多生活在具河谷林带冷水性河流附近。洞居、巢居和洞巢结合是其三种栖居方式。临时性洞穴非常简单，用于越冬；繁殖用的永久性洞穴结构复杂，水中部分和地上部分有许多出口。巢由树枝和泥土组成，一半在水里，一半高出水面约1米。

繁殖 一夫一妻制，雄雌共同承担营巢、储食、御敌、抚育后代的责任，和睦相处，默契配合。每年1胎，每胎2~4只。1~3月发情，孕期约106天，哺乳期42天，2~3岁后开始独立。

游泳天才，仿佛专为游泳而生：后趾间有宽大的蹼，鼻孔中的小瓣膜能在潜水时关闭，防止水流入鼻孔；小而圆的耳郭里油性密毛可防水进入；眼上透明瞬膜可保护眼睛；尾下分泌腺分泌的油脂可用于全身防水防潮；覆有密密麻麻小鳞片的宽大扁平尾巴，特别像船舵

别名：海狸 | 分布：欧亚大陆北部森林地带的河流、湖泊、沼泽 | 濒危状态：LC

扫尾豪猪

扫尾豪猪是小型豪猪，身体长，四肢粗壮，尾长，尾端有毛束，行走时拖在身后像扫帚，为观赏动物之一，有5个亚种，能攀爬上树。

我在豪猪中唯独拥有爬树的本领，“猪能上树”可不是神话

形态 扫尾豪猪体型较小，体长38~53厘米，尾长14~23厘米，重约2.5千克。体深褐色，腹面颜色较浅。头小眼小耳朵小，吻尖，耳郭短圆，头部毛刚硬，从肩部至尾部密被长棘刺，刺扁平，腹部的棘刺柔软纤细。颈项无鬃毛。尾覆有鳞状短刺，远端有白色刷状软棘。四肢粗短，爪粗短，略弯曲，后肢5趾，部分蹼状，脚底有衬垫。

习性 **活动**：夜行性，营家族聚居穴居生活。行动灵活迅速，常循一定路线行动。能攀爬，是游泳健将。**取食**：以绿色植物为主食，主食根菜、野菜、树叶、农作物等，有时也吃昆虫和腐尸。**栖境**：热带和亚热带的丛林地区，居于树洞中，筑洞或占洞。常在树根下或溪流岸旁挖洞筑巢。

繁殖 繁殖期不固定，通常每年1胎，也有两胎，每胎2~4仔。孕期约4个月，哺乳期两个月，1.5岁性成熟。寿命14~16年。

软棘远端有2~4个膨大的细小扁椭圆囊，该簇刷毛为白色或奶油色，每簇刷毛具有厚鳞屑，顶端膨大，似一组“小铃铛”，走路时互相摩擦发出响亮清脆的声音，貌似对天敌的警告

开普敦豪猪

开普敦豪猪是南非最大的啮齿动物和世界上最大的豪猪，有2个亚种，身上直生且向后弯曲的棘刺不仅给予其名声，还能助其抵御敌人。

身体强壮，笨头笨脑，遇敌时却灵活聪慧

形态 开普敦豪猪体型大，体长63~81厘米，尾长11~20厘米，重10~30千克。雌性略小于雄性。头小，眼小，四肢短粗。头部和颈部有细长、直生且向后弯曲的鬃毛，可竖立成一个波峰。有很长的可移动胡须。背部、臀部和尾部生有粗且直的黑白相间的纺锤形棘刺，刺中空，尖端还生有倒钩，坚硬而锐利。棘高达50厘米，外套管长达30厘米。由体毛特化而成，易脱落。臀部刺长而密集，四肢和腹面覆短小柔软的刺。尾较短，隐于刺中。

习性 **活动**：一般单独觅食，营家族生活，冬季喜群居。**取食**：植食性，食物包括水果、块根、块茎、球茎和树皮，偶尔会将骨头带到洞里用以磨牙或吸食里面的磷酸盐。**栖境**：干燥的沙漠地区，仅发现于撒哈拉以南非洲地区，不包括西南地区的沿海沙漠。较喜欢有岩石的山丘。

繁殖 全年可繁殖，常见于雨季。每年1胎，每胎1～2仔。孕期约94天，新生幼仔体重300~400克，9~14天可吃固体食物， 4~6周后开始觅食。野生寿命约10岁，人工饲养约20岁。

能弹动肌肉将背部的硬刺一枝枝射向敌人，只是这些“箭”射出后力量很小，但一旦扎入皮肉，伤害也不小

身上的棘刺平时贴附体表，遇敌时迅速直立，抖动肌肉使硬刺如颤动的钢针，棘刺互相碰撞发出唰唰响声，嘴里也发出噗噗叫声，若敌人不听警告继续进攻，豪猪就以屁股对准入侵者，倒退着使臀部上的长刺刺向对方，与敌害作殊死决斗

别名：南非豪猪 | 分布：肯尼亚、乌干达、刚果南部 | 濒危状态：LC

PART 8

212~217页

兔形目

草兔 | 科属：兔科，兔属 | 学名：*Lepus capensis* L. | 英文名：Cape Hare

草兔

草兔是中国野兔尾最长的一个种类，有49个亚种。它眼睛很大，置于头的两侧，视力范围达360°，但眼睛间距太大，需左右移动面部才能看清物体。快速奔跑时，草兔往往因来不及转动面部而撞墙、撞树，也许寓言故事“守株待兔”说的就是它吧。

听觉灵敏、视觉发达

形态 草兔体形较大，体长40~68厘米，尾长7~11厘米，耳长10~12厘米，重1~3.5千克。体背为黄褐色至赤褐色，常带有黑色波纹，腹面除暗土黄色或淡肉桂色的喉部外均为纯白色，耳尖暗褐色，尾两侧及下面白色，尾背均有大条黑斑。

习性 **活动**：主要在夜间活动，终生生活于地面，善奔跑，不掘洞。除育仔期有固定巢穴外，平时流浪生活。**取食**：植食性，主食玉米、豆类、蔬菜、杂草、嫩枝及树苗等。食物基本可以满足其对水的需求。**栖境**：农田、草甸、田野、树林、灌丛及林缘地带。春夏季节，在茂密的幼林和灌木丛中生活，在百草凋零的秋冬季节，匿伏处往往是一丛草、一片土疙瘩或其他合适的地方，它用前爪挖出小浅穴藏身。这种小穴前端浅平，越往后越深，簸箕状，它只将下半身藏住，脊背与地平或稍高，凭保护色的作用而隐形。受惊逃走或觅食离去，再藏时再挖。

繁殖 每年三四胎，天气转暖，食料丰富时产仔数也增加。孕期约1.5个月。一只母兔一年平均可繁殖6~9只幼兔。幼兔出生即被毛，能睁眼，不久就能跑。

耳朵可随意灵活转动，无数毛细血管使其成为灵活的体温调节器：竖立时可散热，紧贴脊背上则可保温

别名：跳猫 | 分布：欧洲、俄罗斯和蒙古，中国北方至长江中下游 | 濒危状态：LC

雪兔 | 科属：兔科，兔属 | 学名：*Lepus timidus* L. | 英文名：Moutain hare

雪兔

雪兔广泛分布在欧亚大陆北部。它胆小怕惊喜安静，嗅觉灵敏，机警狡猾。总是迂回绕道进窝，接近窝边时，先观察细听绕圈走，再慢慢后退进窝，离窝前制造假象以迷惑天敌。

形态 雪兔躯体略大于草兔，重2.0～5.5千克，体长45～62厘米，尾长短于耳长。鼻腔稍大，下门齿长而坚固。腿肌发达有力，前腿较短，具5指，后腿较长，4趾，脚下的毛多而蓬松。毛色冬夏差异很大。冬毛长，厚密而柔软，体侧与腹部的毛最长，通体雪白，仅耳尖和眼周呈黑褐色。夏毛短，呈黄褐色，腹部白色，眼周白色圈狭窄。

习性 **活动**：善于跳跃和爬山，清晨、黄昏及夜里单独活动，平时多缓慢跳跃，受惊时一跃而起飞驰而去，顷刻间无影无踪。奔跑时还能突然急转弯以摆脱天敌。**取食**：草食性，以嫩枝、嫩叶为食，啃食树皮。细嚼慢咽，一般不喝水。粪便有两种，一种是圆形的硬粪便，一种是由胶膜裹着的软粪便，其中富集了大量维生素和蛋白质，它会将这种软粪吃掉以充分利用其中营养。**栖境**：寒温带或亚寒带针叶林区沼泽地的边缘、河谷的芦苇丛、柳树丛中及白杨林中。

繁殖 每年3~5月交配，每年2～3胎，每胎2～10仔，孕期约50 天。初生幼仔身被密毛，重90～120克，生而睁眼，20天后独立生活，9～11月性成熟。寿命10～13 年。

静如处子，动如脱兔——快跑时一跃可高达1米、远达3米，时速约50千米

具有“双重消化”功能，练就了忍饥挨饿的本领，可使其长时间隐藏

别名：白兔、变色兔 | 分布：北极及冻原地带和阿尔卑斯山地区 | 濒危状态：LC

北极兔 | 科属：兔科，兔属 | 学名：*Lepus arcticus* R. | 英文名：Arctic hare

北极兔

北极兔是兔形目中最大的动物，有4个亚种，也是一种适应了北极和山地环境的兔子。较大的脚掌不仅使其在雪地上奔跳自如，还可以减少其在雪地上的下陷程度，北美地区的北极兔也因此荣获“雪鞋兔”之美称。

形态 北极兔体长55~71厘米，重4~5.5千克。耳朵和后肢较小，有的无尾，但听力特别好。四肢灵活有力。脚掌较大，下长长毛，适于在冰冷的雪地上奔跑跳动。毛量丰厚，拥有两层被毛，下层的毛短而茂密，上层的毛细长柔软而蓬松犹如防护罩一样。北部地区的北极兔毛色终年为白色，南部地区的平时为灰褐色，尾为白色，冬天时毛色全变为白色，以生活环境为依据而变换毛色的“绝招”行为使北极兔拥有较高的存活率。

习性 **活动**：群居，群体20~300只不等，遇险时会站起来，像袋鼠一样用后腿快速跳跃。**取食**：以苔藓、植物、树根为主食，偶尔也会吃肉。会先闻出食物的所在地，然后用尖利的爪子挖出食物，也会挖出可以深藏食物的地洞。**栖境**：低地和山区，冻土带、高原和荒芜海岸的区域，在0~900米海拔高度都能看到其踪影。

繁殖 每年1胎，每胎2~5只。虽然繁殖力不高，但幼兔存活率较高，出生后可睁眼。

比家兔稍大、稍肥的体型可以存储更多脂肪和热量，像中空的墙壁一样，形成一层绝缘层，有效防止热量散失，对度过北极的严冬至关重要

全身毛茸茸的，圆圆的身体在蹲着时特别可爱！

别名：山兔 | 分布：北极、北美、北欧 | 濒危状态：LC

穴兔

穴兔是唯一一种被人类驯化的兔子，所有家兔，包括侏儒兔和安哥拉兔都源于穴兔。它大而亮的眼睛透露出机敏和聪慧，耳朵较大且厚实。

以极高的生育效率在生态系统中取得重要地位，24只穴兔经过一个世纪能繁殖发展成6亿只

形态 穴兔体长38~50厘米，尾长4~7厘米，重1.5~3千克。背部体毛为棕色，腹部呈黄白色。耳朵长而厚，大大的眼睛位于头的两侧，四颗门牙尖锐且终生持续生长，两颗凿齿紧随上门齿之后。尾短而蓬松，略呈圆形。腿肌发达有力，前腿较短，5指；后腿粗壮，4趾；指（趾）长且趾间有蹼，蹼可防止脚指（趾）在跳跃时分开，后腿上厚厚的被毛可减轻剧烈跳动产生的震荡。

习性 **活动**：群居性动物，多于黎明和黄昏活动。擅挖穴，前后爪协调并用，可挖出形成体系的“地下道”。主要由雌兔在孕期开挖，这时挖的穴短，且有尽头，为育幼之用，也可能是大部分隧道的疏散地点。**取食**：以草为主食，也吃嫩枝条、树叶、树皮、蔬菜等。**栖境**：稀树草原或森林草原，喜欢土壤疏松、排水便利的地方，包括耕地、牧场、灌丛、沙丘，避免针叶林地和潮湿处，极少生活在林线以上。

繁殖 交配制度较复杂，群体中雄性首领实行“多妻”制，低等级的雄兔和雌兔实行“一夫一妻”制。“优势等级”现象在雄性和雌性中都存在，但高级的雌性都是雄性首领的“后宫”。雌兔孕期29~35天，在提前挖的穴中生产2~12只兔仔。雄性对幼仔非常照顾。

在野外极具侵略性，雄兔之间的搏斗常引致重伤以至死亡；雄性会在挑战者身上撒尿以标示领域，对手的回应常是即时攻击

别名：兔子 | 分布：欧洲西部、北部和非洲摩洛哥、阿尔及利亚 | 濒危状态：NT

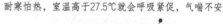

鼠兔 | 科属：鼠兔科，鼠兔属 | 学名：*Ochotona alpina* P. | 英文名：Alpine Pika

鼠兔

鼠兔外形酷似兔子，身材和神态又像鼠类。在青藏高原上常见褐背拟地鸦、雪雀白天进出鼠兔的洞穴，据分析鼠兔可借助鸟类的惊鸣来报警，小鸟可利用洞穴躲避太阳暴晒或暴风与冰雹，从而形成“鸟鼠同穴”现象。

耐寒怕热，室温高于27.5℃就会呼吸紧促，气喘不安

形态 鼠兔体型小，体长10.2～30.2厘米。耳短、眼黑，全身毛浓密柔软，底绒丰厚，体毛呈沙黄、灰褐、茶褐色、红棕和棕褐色，夏季毛色比冬毛鲜艳或深暗。后肢比前肢略长或接近等长；头骨上面无眶上突；上颚每侧只有2枚臼齿。雄性无阴囊，雌兽有乳头2～3对。

习性 **活动**：白天活动，常发出尖叫声，以短距离跳跃的方式跑动。不冬眠，多数有储备食物的习惯。**取食**：植食性。麦苗、苜蓿、甘薯、瓜果等都是它的美食。**栖境**：草原、山地林缘和裸崖。在亚洲，栖息于海拔1200～5150米间；在北美，栖息于海拔90～4200米间。挖洞或利用天然石隙群栖。

繁殖 每年4～10月繁殖，每年1～3胎，通常每胎4~10仔。孕期23～24天，哺乳期21天。新生仔体重7.6～9.7克，全身无毛，背部暗灰色，腹部肉红色，眼未睁，耳孔未开，而门齿已萌出。雄性约50天达性成熟，重90～110克。

别名：鸣声鼠 | 分布：中国青藏高原附近、亚洲中部、北美洲西部和欧洲 | 濒危状态：VU

北美鼠兔 ▶ 科属：鼠兔科，鼠兔属 | 学名：*Ochotona princeps* R. | 英文名：American Pika

北美鼠兔

非常适应寒冷的环境，在约25℃的环境下生活两天以上就可能死去

北美鼠兔有5个亚种，外形略似鼠类，因牙齿结构、摄食方式和行为等与兔子相似，故名。它腹部较大，四肢短小，无尾，加上厚厚的被毛，像个小皮球。

形态 北美鼠兔体长10.5~28.5厘米，体重121~176克。耳短而圆，尾仅留残迹，隐于被毛内，活脱脱一只缩小版的豚鼠。体毛短密柔滑，底绒丰厚，被毛呈沙黄、灰褐、棕褐等色，夏季毛色比冬天稍鲜艳。头骨上面无眶上突，上颌有一对前后重叠的门齿，终生生长，无犬齿。内耳郭呈黑色，边缘有一圈明显的白边。四肢短小，后肢比前肢略长，前肢5指，后肢4趾，爪子细而弯，适于掘土。

习性 **活动**：白天活动，常发出尖叫声，擅短距离跳跃式跑动，不冬眠却有储备食物以过冬的习惯。**取食**：草食性，觅食回来会花费大量时间静坐以观察周围有无其他食肉动物如狼、貂等。**栖境**：北部地区寒冷的高山地区，各种草原、山地林缘和裸崖。自己挖洞或利用天然石隙群栖。

繁殖 每年2~3胎，每胎2~11仔。每年4~9月繁殖，孕期30天，出生高峰期在6月。哺乳期雌性花费大量时间往返于巢穴和觅食地，每次来回达数小时。幼仔1个月可独立生活，约1岁性成熟。寿命7年。

通过双重消化功能充分利用其在盲肠形成的富含维生素的软粪中的营养物质，可谓是动物界的一大奇迹

▶ 别名：魁鼠兔、石兔 | 分布：加拿大、美国 | 濒危状态：LC

蹄兔目

PART 9

220~221页

蹄兔 | 科属：蹄兔科，蹄兔属 | 学名：*Procavia capensis* P. | 英文名：Hyrax

蹄兔

蹄兔为陆栖或树栖小型兽类，因有蹄状指（趾）甲而得名。喜欢嚎叫，又名啼兔。有岩蹄兔、黄斑岩蹄兔、西方树蹄兔和南非树蹄兔四类，分布地域十分有限。

形态 蹄兔体长30～60厘米，尾长1～3厘米，体重2～5千克。外形很像穴兔。脚掌有具特殊附着力的无毛足垫，它可以分泌腺体保持足垫湿润，足垫肌肉形状为周围高、中央凹，形成了类似吸盘的肉窝，促进其攀爬速度。身被粗硬且蓬松的针毛。背部有一腺体，腺体所处部位的毛色与周围体色不同，受到惊吓或愤怒时腺体周围的毛会瞬间竖起，腺体外露，分泌物有异味。有1对锐利、断面呈三角形、不断生长的上门齿，两对凿状的下门齿即臼齿。头骨大，具眶后条，侧枕大而突出，视觉和听觉灵敏。

习性 **活动**：活泼好动，团队意识强，白天或温暖的月夜常在陡峭的光滑岩石上奔跑，动作十分敏捷。**取食**：常群体出动，以草、嫩叶和树皮为食。**栖境**：可在陆地或树上栖息，栖息场所往往是树洞或簇叶中。

繁殖 发情期过小型群居生活。多在冬季交配，妊娠期225天，5月下旬产仔于石缝间。每胎3～4只，幼体出生时被毛、睁眼，不久就会动。一般1～5个月断奶，16～17个月达到性成熟，个体存活时间不超过7年。

遇到天敌时会将背和臀部转向敌人，随后腺体周围的毛散开，腺体释放出分泌物，臭气四溢

别名：啼兔 | 分布：非洲和中东地区 | 濒危状态：EN

南非树蹄兔 | 科属：蹄兔科，树蹄兔属 | 学名：*Dendrohyrax arboreus* A. | 英文名：Southern tree hyrax

南非树蹄兔

活泼好动

南非树蹄兔依据其生活习性分为岩蹄兔属、蹄兔属和树蹄兔属3类。在《圣经》中，这些动物被统称为沙番，可能起源于古代有蹄类动物，其具有豚鼠的面孔和兔的外形，因有蹄状指（趾）甲而得名。

形态 南非树蹄兔平均体长25～55厘米，重2～5千克。全身被毛，头小而行动灵便，耳朵边缘的毛呈白色，背部被毛柔软呈灰褐色，背部有香腺，腹部颜色苍白。上门齿弯曲不断生长，类似兔形目动物，但后足第一和第三趾有蹄，中趾有爪。

习性 **活动**：栖息在树上，昼伏夜出。**取食**：草食性。可取食多种植物的不同部位，如树叶、叶柄、树枝、芽，甚至一些肉质水果和坚硬的种子。其中苦苏、金丝桃属植物和罗汉松为其取食的最常见材料。**栖境**：海拔达4500米的温带森林、亚热带或热带干旱森林，亚热带或热带潮湿的低地森林和山地森林以及潮湿的热带稀树草原和岩石地区。

繁殖 交配方式不定，一夫一妻制和一夫多妻制并存。雌性妊娠期长达7～8个月，每年一胎，产仔1～2只，幼仔出生时发育就很健壮，通常重约380克。幼体从出生到可自动取食的成年约需12个月。

鹰、豹子、狮子、豺、斑点鬣狗和蛇均是它的天敌，因而白天出来时很少在地上停留，只有晚上才会下到地面待一段时间，这可能是其躲避天敌的一项策略

别名：树蹄兔 | 分布：非洲中东部和南非 | 濒危状态：LC

PART 10

224~229页

鳍脚目

北海狗 | 科属：海狮科，北海狗属 | 学名：*Callorhinus ursinus* L. | 英文名：Fur seals

北海狗

海狗含两属八种，体形像狗，体表多毛，被毛浓密光滑，故海狗又称“皮毛海狮”。一年中除了4个月的繁殖期待在岛上，其余8个月都在迁徙洄游，而且迁徙期间从不上岸。

听觉和嗅觉灵敏

形态 北海狗体长150~210厘米，重21~26千克。身体纺锤形，圆头短吻大眼睛，吻旁有长须，颊须刚硬，鼻孔和两耳均有可自由启闭的瓣膜。有小耳壳，身体被刚毛和短而致密的绒毛，整体皮色呈白色、棕灰色或黑棕色，带有许多棕黑色或灰黑色斑点，成熟的雄性呈很深的褐色，肩部有一些灰色的毛，体腹面乳黄色，下颌白色少斑。雌性体色较浅，呈灰褐色。四肢呈鳍状，均具5指（趾），指（趾）端有爪，指（趾）间有蹼，后肢在水中方向朝后，上陆后可弯向前。尾甚短小。

习性 **活动**：群居，迁徙时也成群结队。白天在近海游弋猎食，夜晚上岸休息。喜晒日光，多集于岩礁和冰雪上，喜群居。擅长游泳，出生不久后便能以时速24千米持续游泳5分钟，并能潜至水下73米。在陆地上行动笨拙，时速达8千米。**取食**：喜食鳕鱼和鲑鱼，也吃海蟹、贝类。一般在傍晚时捕食。**栖境**：繁殖期一般栖居在位于阿拉斯加与西伯利亚之间的普利比洛夫群岛及科曼多尔群岛——海狗岛。繁殖期外的时间在海域做大规模迁徙洄游。

繁殖 春季交配产仔，孕期12个月，雌性5岁具备生殖能力。寿命有40多年。

别名：皮毛海狮 | 分布：遍布世界 | 濒危状态：VU

北海狮 科属：海狮科，北海狮属 | 学名：*Eumetopias jubatus* S. | 英文名：Steller sea lion

北海狮

胡须基部纵横交错地布满神经，触觉强，还能高精确度地感受声音

北海狮是体形最大的一种海狮，颈部生有鬃状的长毛，叫声也很像狮吼，故得名。

形态 北海狮雄性和雌性的体型差异很大，雄兽体长3.1~3.5米，重1000千克以上；雌兽体长2.5~2.7米，重约300千克。面部短宽，额头宽高，吻部凸出，眼和外耳壳较小，前肢较后肢长且宽，前肢第一指最长，爪退化。全身被短毛，仅鳍肢末端裸露。雄兽在成长过程中颈部逐渐生出鬃状长毛，无绒毛，身体为黄褐色，胸至腹部颜色较深；雌性体色比雄性略淡，没有鬃毛。

习性 **活动**：集群活动。白天在海中捕食，游泳和潜水主要依靠较长的前肢，偶尔爬到岸上晒晒太阳，夜里在岸上睡觉。**取食**：食性很广，主食底栖鱼类和头足类。多为整吞，不加咀嚼。为了帮助消化还要吞食一些小石子。**栖境**：北太平洋的寒温带海域，聚集在饵料丰富的地区。除繁殖期外没有固定栖息场所，雄性每个月花上2~3周去远处巡游觅食，雌兽和幼仔在陆地上逗留时间相对较多。

繁殖 每年5~8月一只雄兽和10~15只雌兽组成多雌生殖群，每只雌兽受孕后立即退出群，其他未经交配的雌兽陆续补充进来。雌兽每胎1仔，3~5岁时达到性成熟。寿命可达20年以上。

性情温和，喜欢集群，视觉较差，听觉和嗅觉灵敏，非常机警，任何风吹草动都能吸引其注意，睡觉时哨兵“工作”非常认真，边听声响边嗅气味，即使是海鸥叫声也能引起它们的恐惧惊逃，有时也大胆靠近渔船，发现危险迅速远离

在陆岸可组成上千头的大群，在海上常发现有一头或十数头的小群体

别名：北太平洋海狮、斯氏海狮、海驴 | 分布：北太平洋沿岸 | 濒危状态：EN

斑海豹 | 科属：海豹科，海豹属 | 学名：*Phoca largha* P. | 英文名：Spotted seal

斑海豹

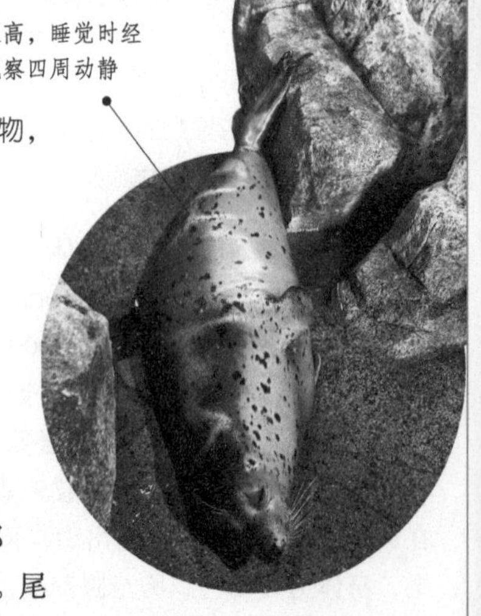
警惕性很高，睡觉时经常醒来观察四周动静

斑海豹是唯一能在中国海域繁殖的鳍足类动物，唇部触口须触觉灵敏，是它觅食的武器之一。

形态 斑海豹的身体肥壮而浑圆，纺锤形，体长1.2~2米，重约100千克，雄兽略大于雌兽。全身生有细密短毛，背部灰黑色并分布有棕灰色或棕黑色的不规则斑点，腹面乳白色，斑点稀少。头圆而平滑，眼大，吻短而宽，唇部触口须硬长，念珠状。没有外耳郭，也没有明显的颈部。四肢短，前后肢都有五指（趾），前肢狭小，后肢较大而呈扇形。尾短小，夹于后肢间联成扇形。

习性 **活动**：在沿岸依靠前肢和上体蠕动匍匐爬行，步履艰难；游泳时依靠后肢和身体后部左右摆动前进，时速可达27千米。可潜至100~300米的深水处，每天潜水多达30~40次，每次持续20分钟以上，令鲸类、海豚等望尘莫及。有洄游的繁殖习性，仅在生殖、哺乳、休息和换毛时才爬到岸上或者冰块上。**取食**：肉食性，食性较广，主食鱼类和头足类。食物取决于季节、海域及所栖息的环境。其他食物包括各种甲壳类等。**栖境**：北半球的西北太平洋海域及其沿岸和岛屿。

繁殖 每年1~3月繁殖，繁殖期多成对，产仔前雌兽会在浮冰上挖掘出一个巢穴，产仔时躲在巢穴中。孕期8~10个月，多为1仔。3~5岁性成熟。雄性15岁、雌性10岁后不再增长。

游泳的姿势像人伸开手脚俯卧的样子，潜水时鼻孔和耳孔中的肌肉活动瓣膜关闭，可阻止海水进入耳、鼻

别名：海豹、海狗、大齿海豹 | 分布：北半球的西北太平洋 | 濒危状态：LC

贝加尔海豹 | 科属：海豹科，海豹属 | 学名：*Phoca sibirica* G. | 英文名：Baikal seal

贝加尔海豹

贝加尔海豹是唯一的一种淡水海豹，夏天分布于贝加尔湖内，冬天迁徙到贝加尔湖北部。科学界普遍认为，该群种来自北冰洋，因为与那里的环斑海豹血缘上最接近。

体形肥胖而圆，在水中颇为灵巧，游泳速度达到每小时20千米

形态 贝加尔海豹是世界上体型最小的海豹之一，体长最长仅1.4米，平均为1.1米，体重为63~70千克；雄性比雌性略大。体粗圆，呈纺锤形；头部近乎圆形，眼大且圆，无外耳郭，吻短且宽，上唇触须长且粗硬；牙齿数为34颗。四肢均具5指（趾），指（趾）间有蹼，形成鳍状肢，具锋利爪。前鳍肢短小；后鳍肢大，后肢与尾部相连，向后延伸，尾短小且扁平。全身被短毛，背部呈蓝灰色，腹部为乳黄色，斑点少，无环状斑；幼体体表为白色或乳白色。

习性 **活动**：群居，群体数量可达500只，喜欢结群活动；拥有独特的循环系统，能储存大量氧气，可以将近1小时不用换气，下潜深度达到水下300米；喜欢远离湖岸、比较僻静的中心岛屿，常几十上百只在白色鹅卵石上晒太阳。**取食**：肉食性，捕食贝加尔鱿鱼，也捕食无脊椎动物、贝加尔白鲑鱼和其他鱼类；初秋时会到湖边或湖湾中捕食杜父鱼，消化系统中含有砂砾和淤泥，能清除胃肠道中的寄生虫。**栖境**：俄罗斯的贝加尔湖。

繁殖 一夫多妻制，每年2月末到4月初繁殖。一只雄性与2~3只雌性交配。妊娠期11个月，次年2~3月在浮冰上作窝产1只幼仔，2~3周后蜕掉白色胎毛，哺乳期约3个月。雌性性成熟需3~6年，雄性平均4~7年。寿命为40~50年。

近年部分冬季迁徙到贝加尔湖南部，可能为了躲避偷猎者

别名：西伯利亚海豹、淡水海豹 | 分布：俄罗斯贝加尔湖 | 濒危状态：LC

南象海豹 | 科属：海豹科，象海豹属 | 学名：*Mirounga leonine* L. | 英文名：Southern elephant seal

南象海豹

南象海豹有南美亚种、南印度洋亚种、新西兰亚种3个亚种。其身体呈纺锤形，体躯巨大而肥胖，但十分柔软，头向背、尾方向可弯曲超过90度。由于它体躯肥大、脂肪丰厚，因而被大量捕杀，现幸存的数量实在少得可怜。

分布在南极周围，故称“南象海豹”

吼叫声像狮，反应迟钝，最怕别人切断它通向大海的退路

形态 南象海豹雄性体长6.5米，重4000千克；雌性较小，体长3.5米，重1000千克。相貌丑陋，雄性的鼻子呈长鸡冠状，能伸缩，兴奋或发怒时会膨胀起来，并能发出很响亮的声音。外观给人一种“肮脏”感，体色银灰，年龄较大者身体淡褐和淡黄，呈污秽色调，背侧深于腹侧。有换毛习性，成熟雌性1~2月、雄性2~3月上陆蜕毛，未成熟者是12月。腿特别短。

习性 **活动**：行动缓慢，在岸上行动特别困难，特别短的腿根本不能支撑其笨重的身体，必须把全身重量放在肚皮上，再靠两条短前肢吃力移动。**取食**：在近岸水域以南极鱼为食，在其他地方主要吃头足类。**栖境**：海洋的近岸水域。

繁殖 孕期11个月，9~10月产仔，哺乳期3周。雌性2~3年、雄兽4~6年性成熟。寿命20年。

生性不大爱卫生，换毛期间常成群结队地拥挤在长有苔藓植物的岸边泥坑里，弄得浑身泥巴

可潜水至2300米的深海，是仅次于抹香鲸潜水第二深的“潜水亚军”

别名：不详 | 分布：亚南极岛屿周围，从南纬16度到南纬78度 | 濒危状态：EN

海象 | 科属：海象科，海象属 | 学名：*Odobenus rosmarus* L. | 英文名：Walrus

海象

颈部一对气囊能使其头部露出水面以上呼吸

视觉较差，嗅觉与听觉敏锐，上唇周有约400多根硬钢髯，内含血管和神经，触觉十分灵敏

海象分太平洋海象和大西洋海象两个亚种。其身体庞大，皮厚多褶，有稀疏刚毛，一对终生生长的白色上犬齿最为独特，尖部从两边的嘴角垂直伸出嘴外，形成獠牙，很像陆生动物大象的门齿。它的四肢退化成鳍状，仅靠后鳍脚朝前弯曲和两枚长长的獠牙刺入冰中的共同作用才能在冰上匍匐前进。

形态 海象是海洋中体型仅次于鲸类的动物，身体圆筒形，肥胖粗壮，雄兽体长3.3~4.5米，体重1200~3000千克，雌兽较雄性小。头扁平，吻短阔。眼小鼻短，无外耳壳。牙24颗或少于24颗，下门齿消失。四肢颇似鱼鳍，称为鳍脚，前肢5指能分开，后肢能向前方折曲以供其在陆地或冰上爬行或支撑身体。尾巴很短，隐于臀部后面的皮肤中。皮肤厚而多皱。

习性 **活动**：群栖性，每群几十只、数百只到成千上万只。在海中行动自如，时速达24千米，可潜至70米以下，在水中能完成取食、求偶、交配等各种活动；在陆地上多数时间是睡觉休息以缓解游后疲劳。**取食**：食性较杂但不吃鱼，主食瓣鳃类软体动物，也捕食乌贼、虾、蟹和蠕虫等。**栖境**：北极海域，可称得上北极特产动物，但它可作短途旅行，在北极海域附近的海域也能看到它的踪影。

繁殖 一夫多妻制。每3年一胎，每胎1仔，孕期11~13个月。雌兽5年性成熟，雄兽则需要6~8年。寿命30~40年。

在冷水中体表呈灰白色，在陆地上体表呈棕红色

獠牙可自卫和争斗、凿开冰洞呼吸、在泥沙中掘取食物或爬上冰块时支撑身体，故有象牙拐杖之称

别名：不详 | 分布：北冰洋海域及附近其他海域 | 濒危状态：LC

PART 11 鲸目

232~239页

南露脊鲸 科属：露脊鲸科，真露脊鲸属 | 学名：*Eubalaena australis* D. | 英文名：Southern right whale

南露脊鲸

南露脊鲸没有背鳍，体型硕大，重可达80吨，平时游速慢，而且靠近海岸区域，这使得捕猎者认为它是最容易被捕获的鲸鱼。

不像其他须鲸，南露脊鲸没有喉槽和背鳍
嘴特别大，成年鲸的嘴全张开时上下可达2米

形态 南露脊鲸身长15~18米，重47~80吨。身体颜色发黑，有些身上会有白色斑点，幼鲸可能完全是白色。头部有一些灰白色的瘤状隆起。视觉发达，能够在水下和水面上看到清晰的图像。下颚呈高度弯曲的弓形，黑色的鲸须长可达2.5米。喷出的水柱呈V字形。雄性的睾丸在动物界是最重的，大约有1吨重，雄性性器官在鲸类世界里相对于它庞大的体积来说应属最长之一了，长达2.5米。皮肤上的硬茧呈白色，那是大片鲸虱的群落，而不是皮肤色素造成的。

习性 **活动**：整个夏天在南半球的高纬度地区（很可能在接近南极洲的海域）觅食，秋季时迁徙到北方可以避寒的海岸和海湾，最北可到达赤道海域。游速慢且靠近海岸。**取食**：以浮游生物、磷虾、桡足类动物为食，每次进食吞入大量海水后通过鲸须来过滤它所需要的食物。**栖境**：南半球的所有海域。

繁殖 孕期11~12个月，每胎1仔。哺乳期6个月。有些体型较大的寿命可达80年。

每当南露脊鲸将头或身体露出水面呼吸时，一种名为黑背鸥的海鸥就会飞来，疯狂啄食它们的皮肤，造成血淋淋的伤口，皮肤上伤口很深并经常出血，病毒与细菌就会轻易上门；此外，海鸥在南露脊鲸哺乳过程中也会袭击捣乱，导致一些幼鲸因得不到充足的营养供给而死亡

别名：黑露脊鲸 | 分布：南半球的南半海域 | 濒危状态：LC

蓝鲸 科属：鳁鲸科，鳁鲸属 | 学名：*Balaenoptera musculus* L. | 英文名：Blue whale

蓝鲸

蓝鲸目前已知至少有3个亚种，分别生活在北大西洋、北太平洋、印度洋和南太平洋。它被认为是体型最大的动物，一头成年蓝鲸能长到体重是非洲象的约30倍。

蓝鲸种群发声的基频在10~40赫兹，而人类能够察觉的最低频率是20赫兹

形态 蓝鲸体型大，长约25米，重达200吨以上，雌性大于雄性，南蓝鲸大于北蓝鲸。身躯瘦长，长椎状，体背深苍灰蓝，腹面稍淡，口部和须黑色。头非常大，平而呈U形，吻宽而平。嘴巴前端鲸须板密集，约300个鲸须板（约1米长）悬于上颚，深入口中约半米。从上嘴唇到背部气孔有明显的脊形突起，60~90个凹槽（称为腹褶）沿喉部平行于身体，这些皱褶用于大量吞食后排出海水。背鳍、鳍肢较小，尾鳍后缘直线形。

习性 **活动**：游泳时速约20千米，竞速时达每小时50千米。**取食**：以浮游生物为食，主食磷虾，也食小型鱼类。每天消耗2～4吨食物。摄食时游泳时速2～6千米，洄游时速5～33千米，一般10～20次小潜水后接一次深潜水，浅潜水间隔12～20秒，深潜水可持续10～30分钟。**栖境**：水温5～20℃的温带和寒带冷水域。夏季时处在食物丰富且寒冷、高纬度的海域，冬季时在温暖、低纬度的海域交配生产。

繁殖 秋后至冬末交配，每2~3年生产一次。孕期10~12个月，哺乳期6个月， 8~10岁性成熟，雌性约5岁性成熟。寿命估计30～90年。

蓝鲸是世界上最大的动物，舌头上能站50个人，心脏和小汽车一样大，呼吸时能喷出于几千米外都看得到的狭而直的雾柱，高6～12米

别名：剃刀鲸 | 分布：世界性分布，南极海域数量最多 | 濒危状态：EN

宽吻海豚 ▶ 科属：海豚科，宽吻海豚属 | 学名：*Tursiops truncates* M. | 英文名：Bottlenose dolphin

宽吻海豚

宽吻海豚的吻较长，嘴短小，嘴裂外形似乎总是在微笑。上下颌较长，因此获得瓶鼻海豚的别名。大脑的宽度要超过长度，沟回数量与密度也比人类多，因此智力发达，理解力较强，又生性好奇，经过人工训练，可以进行公众观赏表演。

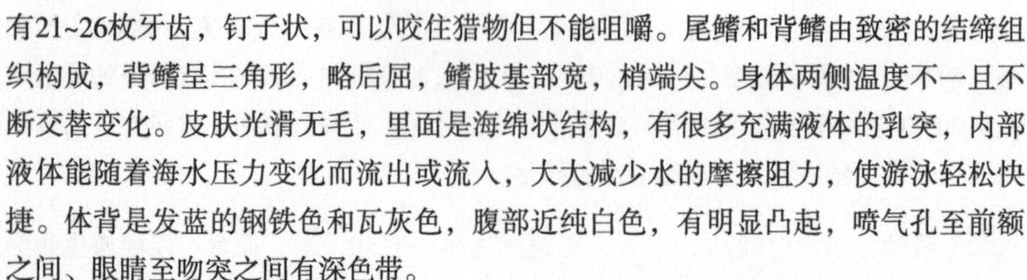

形态 宽吻海豚雄性体长2.5~2.9米，重300~350千克，雌性稍小。身体呈流线型，中部粗圆，额部有明显隆起，吻长嘴短，上下颌每侧各有21~26枚牙齿，钉子状，可以咬住猎物但不能咀嚼。尾鳍和背鳍由致密的结缔组织构成，背鳍呈三角形，略后屈，鳍肢基部宽，梢端尖。身体两侧温度不一且不断交替变化。皮肤光滑无毛，里面是海绵状结构，有很多充满液体的乳突，内部液体能随着海水压力变化而流出或流入，大大减少水的摩擦阻力，使游泳轻松快捷。体背是发蓝的钢铁色和瓦灰色，腹部近纯白色，有明显凸起，喷气孔至前额之间、眼睛至吻突之间有深色带。

习性 **活动**：喜群居，通常母幼十多只结群，雄性通常单独或2~3只结群生活。游泳时速5~11千米，最高时速可达70千米。有时跃出水面1~2米，在暴风雨前这种活动更为频繁。**取食**：主食带鱼、鲅鱼等群栖性鱼类，偶尔也吃乌贼或蟹类及其他小动物。**栖境**：热带至温带靠近陆地的浅海地带，较少游向深海。

繁殖 每年2~5月交配和产仔，生殖间隔约2年。孕期11~12个月，哺乳期12~18个月，雌性宽吻海豚在5~12岁性成熟，雄性在10~12岁。寿命40~50年。

性情温和，睡眠很浅，群体间的眷恋性很强，但也为争夺地位和配偶打斗，视力良好，嗅觉不敏锐

没有声带，利用超声波在水中航行和觅食，通过身体运动和喷气孔下方的6个气囊发声来交流

▶ 别名：尖吻海豚、瓶鼻海豚 | 分布：热带至温带海域 | 濒危状态：LC

逆戟鲸 | 科属：海豚科，虎鲸属 | 学名：*Orcinus orca* L. | 英文名：Killer whale

逆戟鲸

逆戟鲸是海豚科中体型最大的一种齿鲸，能发出62种声音，且各有各的含义。它还能发射超声波判断鱼群大小和游泳方向。

性情凶猛，喜欢用尾巴上的缺刻钩拉海藻，擅进攻猎物

形态 逆戟鲸身体呈纺锤形，体长6.7~8.2米，重3.6~5.5吨，雌性个体略小于雄性。鳍肢圆形，雄性背鳍直立，高1.0 ~ 1.8米，雌性背鳍镰刀形，高不及0.7 米。头部略圆，吻部不突出，嘴巴大而细长，能吞下一整只海狮。上、下颌每齿列有10 ~ 12枚锋利的圆锥形齿。皮肤表面光滑，皮下脂肪很厚，体背面漆黑色，体腹面雪白，尾叶腹面白色或浅灰色，具黑色边缘，眼后上方各有一块梭形白斑，背鳍后方有浅灰至白色的马鞍状斑纹。

习性 **活动**：喜群居，2 ~ 3只或40 ~ 50只结群，每天静待水表层2 ~ 3个小时。群体成员一起旅行、用食，互相依靠，雄性负责寻找、引导鲸群集体猎杀食物，分工明确，无地位高低之分，母幼关系终生稳定，族群过大时会分家产生新族群。泳速可达时速55千米，空气凉爽时常见它们低矮而呈树枝状的喷气。**取食**：肉食性，包括鱼类、其他鲸类、鳍足类、海獭类、鸟类、爬行类和头足类。能利用超声波互通有无并策划战术，团体猎食，合力将鱼群集中成一个大球，轮流钻入取食。**栖境**：极地和温带海域，在高纬度地区特别是猎物充足的海域栖息密度高。

繁殖 全年可交配，每3 ~ 5年一胎，每胎1仔，孕期、哺乳期各约1年。出生后1 ~ 2年的幼仔能发出粗粝的声音，要完全掌握成体的“语言”至少要花5年时间。雄性寿命50 ~ 60年，雌性80~90年。

浮到水面时会打开鼻孔内的活瓣呼吸，喷出泡沫状气雾，气雾遇冷空气变成水柱

常跃身击浪、浮窥或以尾鳍或胸鳍拍击水面

别名：杀人鲸、虎鲸 | 分布：全世界所有海域 | 濒危状态：DD

中华白海豚 | 科属：海豚科，白海豚属 | 学名：*Sousa chinensis* O. | 英文名：Indo-Pacific humpbacked dolphin

中华白海豚

中华白海豚虽然名为“白海豚”，其实体色一般会从出生时的深灰色慢慢褪淡为成年的粉红色。它们和其他鲸鱼及海豚一样都属于哺乳类，和人类一样恒温，用肺部呼吸、怀胎产仔，用乳汁哺育幼儿，素有“美人鱼”和“水上大熊猫”之美誉。

形态 中华白海豚身体修长呈纺锤形，体长2.0~2.5米，重200~250千克。吻突出狭长，吻与额部之间被一道“V”形沟明显隔开。眼睛乌黑发亮，齿列稀疏。背鳍突出，位于近中央处呈后倾三角形；胸鳍浑圆，基部较宽，鳍肢上具有5指（趾）；三角形的尾鳍呈水平状，健壮有力，以中央缺刻分成左右对称的两叶，利于快速游泳。初生体呈深灰色，稍年轻的呈灰色，成体纯白色，常由于表皮下的血管充血而透出粉红色，背部散布有许多细小的灰黑色斑点，有的腹部略带粉红色，鳍都是近淡红色的棕灰色。

习性 **活动**：常单独活动或3~5只结群，组群最多可有23条。群居结构非常有弹性，成员除了母亲及幼豚也时常更换，不会有固定的成员。游泳速度很快，时速可达12海里。常和拖网渔船“作伴”，很少进入深度超过25米的海域。**取食**：主食河口的咸淡水中小型鱼类，不经咀嚼快速吞食。最喜欢吃狮头鱼，其次是石首鱼和黄姑鱼，食量很大，胃中食物重量可达7千克。**栖境**：红树林水道、海湾、热带河流三角洲或沿岸的咸水中，有时进入江河中。

繁殖 常年可交配，4~9月的温暖季节喜在水中交配，孕期10~11个月，哺乳期8~20个月，每胎一仔，3~5岁达到性成熟。寿命30~40年。

性情活泼，常在水面跳跃嬉戏，有时将全身跃出水面近1米；喜随拖网渔船活动，常在拖网浮子前100~200米处看到它们，跟随渔船的活动可超过2小时

别名：妈祖鱼 | 分布：西太平洋、印度洋沿岸至南非，我国东海 | 濒危状态：NT

独角鲸 | 科属：一角鲸科，一角鲸属 | 学名：*Monodon monoceros* L. | 英文名：Narwhale

独角鲸

善唱歌，能发出滴答声、尖叫声，还会吹口哨沟通或导航

独角鲸是世界上最神秘的动物之一，只生活在北极水域，速度极快，神出鬼没。在中世纪，它的牙被当作独角鲸的角远销欧洲和东亚，医生们相信把角磨成粉可治百病，其价格相当于黄金的10倍。

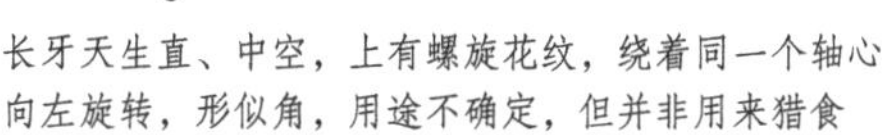

长牙天生直、中空，上有螺旋花纹，绕着同一个轴心向左旋转，形似角，用途不确定，但并非用来猎食

形态 独角鲸体长4 ~5米，重900 ~ 1600千克，身体圆柱形（没有豚鳍），腹白背黑且有白色斑点（幼鲸为棕色而无斑点），头圆，圆钝的嘴前有个小小的口。无外耳郭，耳孔非常小，前肢鳍状，后肢退化。体表光滑无毛，皮肤紧实。上颚长有两颗牙，雄性的左牙会生成一条长牙，有的长达3米，偶尔也会长两颗长牙，长牙由于表面附着绿藻和海虱而常呈绿色，大多数的雌鲸没有长牙。

习性 **活动**：擅长潜水，一次可潜水7~20分钟，可以潜到1800米深处。4~20头独角鲸组群活动，有些鲸群全为同性别，有些鲸群则包含两种性别。可能会有好几个群队一起出游，形成庞大的群队。**取食**：主食鱼、乌贼、虾和其他海洋生物。在夏季节食，在冬季疯狂进食，似乎是将猎物整个吸入吞下，而不是使用长牙来戳刺猎物。**栖境**：大西洋的北端和北冰洋海域。

繁殖 冬末春初交配，在水下冰穴里交配。繁殖率较低，一般3年产1仔，孕期10~16个月，哺乳期 20个月。寿命可达50岁。

当独角鲸被急速冻结的冰层所困时，会利用头部撞击出所需的呼吸孔，而不是利用长牙，但其社会地位与其长牙有关

皮下有一层厚厚的鲸油，身体的50%为脂肪，对生活在北极冰冷水域中有特别大的帮助

别名：冰鲸、一角鲸、角鲸、海洋独角兽 | 分布：近北极海域 | 濒危状态：NT

白鲸 | 科属：一角鲸科，白鲸属 | 学名：*Delphinapterus leucas* P. | 英文名：White whale

白鲸

极爱干净，一天花几个小时在河底不停地翻身或在浅水滩的沙砾上擦身

白鲸以变幻无穷的叫声和丰富的脸部表情闻名，凭借特殊的外貌、活力与适应力以及训练性佳等因素成为海洋世界的明星。

形态 白鲸体长3.7~5.1米，重0.4~1.6吨。身体粗壮，头部较小，额头圆滑且向外隆起突出，发声时额隆改变形状。喷气孔后有轮廓清晰的褶皱，吻很短，唇线宽阔，颈部可自由活动，能点头和转头。没有背鳍，胸鳍宽阔呈刮刀状，尾鳍后缘呈暗棕色，尾中央缺刻明显，尾叶外突且随年龄增长愈加明显。身体大部分皮肤很粗糙，体色会随年龄增长而改变，从出生时的暗灰色转成淡灰及带有蓝色调的白色，5~10岁性成熟时会变成纯白色，背脊、胸鳍边缘以及尾鳍终生保持暗色调。

习性 **活动**：群居，成百上千头会结成群体。每年7月从北极出发开始夏季迁徙，少则几只、多则几万只游向目的地，一路不停地“歌唱”，还用宽大的尾叶突戏水，身体半露水面，姿态优美。潜水能力强，很好地适应北极浮冰环境。**取食**：肉食性，猎物包括胡瓜鱼、比目鱼、鲑鱼和鳕鱼，也食用无脊椎动物及其他海洋底栖生物，常把食物整个吸入口中。**栖境**：欧洲、美国阿拉斯加和加拿大以北的海域。

繁殖 2月末至4月初交配繁殖，孕期14个月，哺乳期1.5~2年，生殖间隔2~3年。可能有胚胎延迟着床的现象：雌鲸根据现实环境决定幼仔诞生时期。雌鲸4~7年发育成熟，雄鲸则需要7~9年。寿命25~50年。

一根木头、一片海草、一块石头都可以成为它的玩具，有时还像杂技演员那样在水面上表演

能发出几百种声音，声音变化多端，是鲸类王国中最优秀的“口技专家”，有牛的哞哞声、猪的呼噜声、马嘶声、鸟儿的吱吱声等，像在不停地“歌唱”

别名：贝鲁卡鲸、海金丝雀 | 分布：北冰洋及附近海域 | 濒危状态：NT

抹香鲸

抹香鲸是体型最大的齿鲸，性情凶猛，也是潜水最深、潜水时间最长的哺乳动物。体油、脑油和龙涎香是其身上的三大宝物。

左侧鼻孔畅通用于呼吸，右鼻孔天生阻塞，浮出水面呼吸时身躯偏右，由头顶外鼻孔喷出水雾柱向左前方倾斜约45°

不完全靠牙齿咀嚼食物，曾发现在抹香鲸胃中的大王乌贼没有被牙齿咬啮的痕迹

形态 抹香鲸头大尾小，好似一只大蝌蚪。体长11~23米，体重25~45吨，雌性体型较小。头部巨大，约占身体的1/3，其脑在动物界中最大。颈短，下颌短小狭窄，仅下颌有牙齿。吻长，鼻孔位于吻端。前肢退化成鳍状，前臂掌部变长，指数增加，但从外部看不出指和爪，尾有水平尾鳍。身体背面深灰至暗黑，腹部银灰发白，上唇与下颚近头部为白色，侧腹处常有不规则白色区块。

习性 **活动**：结群活动，常结成5~10头小群，有时200~300头结成大群。潜水能力极好，深潜可达2.2千米，并在水下待两个小时之久。每年会因生殖和觅食南北洄游，游泳时速可达十几海里。约45°左倾的喷气低矮而呈树丛状，经常跃身击浪或鲸尾击浪。常在水面上静浮几个小时进行睡眠。**取食**：主食大型乌贼、章鱼、其他鱼类，每天进食量占体重的3%~3.5%。**栖境**：全球不结冰的海域，雌鲸常栖息于水深1千米以上、纬度40°以内的海域；体型越大、年龄越老的雄鲸，领域也越偏向高纬度，甚至接近两极浮冰地带。

繁殖 “一夫多妻”制，繁殖期有激烈的争雌行为。孕期12~16个月。每胎1仔，偶见2仔，哺乳期1~2年，7~8岁性成熟，最长寿命可达75年。

龙涎香是不能被抹香鲸消化的乌贼鹦嘴在抹香鲸小肠内形成的深色黏稠块状物质，刚取出时臭味难闻，一段时间后发香胜麝香，是使香水保持芬芳的好物质，也是名贵中药

别名：巨抹香鲸、卡切拉特鲸 | 分布：全世界不结冰的海域 | 濒危状态：VU

海牛目

PART 12

242~243页

西印度海牛 | 科属：海牛科，海牛属 | 学名：*Trichechus manatus* L. | 英文名：West Indian manatee

西印度海牛

西印度海牛有2个亚种，其身体呈流线型，皮肤粗糙少毛或无毛，能自由穿梭于淡水和海水之间，臼齿能从上下颚基部往前水平移动更换，其肉、脂肪和骨骼应用于多种民俗疗法中，肋骨在质地上与象牙相似，常被非法雕刻当作珠宝贩卖。

性格偏好平静

形态 西印度海牛个体体型间有所差异，一般来说体长2.7~3.5米，重200~600千克，雌性稍大于雄性。亚种佛罗里达海牛比安地列斯海牛体型稍大。身躯流线型，背脊宽阔而无背鳍。头小，浑身呈灰色。皮肤厚而紧实，表面粗糙，体毛稀疏甚至无毛。

习性 **活动**：没有明显偏向日行性或夜行性，温暖环境下每天睡2~4个小时，天冷时会睡长达8个小时。有社交行为，会成群呼吸、休息与旅行，呼吸时只将吻尖露出水面。在繁殖季分享食物。在淡水或温暖水域时会形成短暂的群体，一般是海牛母子，彼此间会以高音的轧轧声或尖锐声联系。遇险时母海牛会用身体保护幼兽。**取食**：主食水草，每天花费6~8个小时觅食。**栖境**：喜好水草茂盛的河流或平静、近河口的海域。岸边栖地包括海湾、河口，有时会上溯河道数百英里远。

繁殖 终年皆可生产，大多数幼兽在3~8月诞生。孕期12~14个月，通常每胎1仔，两胎间隔约2年半。哺乳期约18个月。寿命60~70年。

有些个体外观呈褐、红或白色，原因可能是藻类或藤壶附着于身体表面

自由往来于淡水与海水之间，位于佛罗里达的雄性西印度海牛每天可移动30千米，冬夏两季间的移动距离达500千米以上

别名：加勒比海牛 | 分布：佛罗里达、大安的列斯群岛、拉丁美洲 | 濒危状态：VU

儒艮 | 科属：儒艮科，儒艮属 | 学名：*Dugong dugon* M. | 英文名：Dugong

儒艮

生性害羞，性情温顺，听觉灵敏但视力差，平日呈昏睡状

您一定听说过"美人鱼"吧？没错，人们口中的"美人鱼"就是儒艮。它间断分布于印度洋、太平洋的热带及亚热带沿岸、岛屿水域、海湾和海峡内的水域，北至琉璃群岛，南至澳大利亚中部沿岸，西至非洲东部。儒艮露出海面时偶尔会身披海草，故被人们描绘为"头披长发的美女"；雌性还偶尔抱幼仔露出水面哺乳。

形态 儒艮身体呈纺锤形，身体后部侧扁。头小眼小耳朵小，头略呈圆形，无耳郭，上唇形似马蹄，嘴吻弯向腹面，前端扁平。有牙。鳍肢短，尾叶水平，略呈三角形。胸部每侧有一个乳房，乳头位于鳍肢后方的腋下。头骨坚实。前颌骨显著扩大，下颌骨联合部相应延长，两者在末梢处均急剧下弯。上颌骨较小，无鼻骨。体长2.7～3.3米，皮肤较光滑，有稀疏短毛，成体背面灰白，腹色稍浅，幼体呈淡奶油色。

习性 **活动**：行动缓慢，常单独行动，但也会组成6头左右的小群体，有时会达数百头。**取食**：草食性，仅摄食海床底部生长的植物，深度1～5米，以其大而可抓握的吻来摄食多种海生植物的根、茎、叶与部分藻类，常会吃掉整株植物。**栖境**：在隐蔽条件良好的海草区底部生活，定期浮出水面呼吸。很少游向外海。

繁殖 3～7年生产一次。雌性9岁后性成熟，雄性9～15岁性成熟。雌性10～17岁受孕。妊娠期约13个月，每胎产1仔，哺乳期约18个月。

喜水质良好并有丰沛水生植物之海域，饱食后会不时出水换气，爱潜入30~40米深的海底，伏于岩礁等处静候而不远离海岸到大洋深海去；对冷敏感，不去冷海

别名：海牛、人鱼、美人鱼、南海牛 | 分布：西太平洋及印度洋 | 濒危状态：VU

翼手目

PART 13

246~253页

大耳蝠 科属：蝙蝠科，大耳蝠属 | 学名：*Plecotus auritus* L. | 英文名：Brown long-eared bat

大耳蝠

大耳蝠有6个亚种，其体型较小，耳极大，宽且长，故名“大耳蝠”。由于其背面灰褐色，毛基黑褐色，且单独栖居，栖息在原始森林或一些遗弃的建筑中，因而又称为“鬼蝠”、“褐大耳蝠”。

单独栖居，不与其他蝙蝠混居

飞行时耳倒向后方，可停翔于空中捕食

形态 大耳蝠体长4.5～4.8厘米，拖着条约和身体等长的尾巴，翅膀长4～4.2厘米。同时长着一双3.3～3.9厘米长的大耳朵，不食不动，耳朵折在臂下，耳屏露在外面，很容易与其他蝙蝠相区分。

习性 **活动**：在林地上方飞行，靠回声定位辨别方向，活动时间通常为白天。飞行较为缓慢，兴奋时偶尔会发出鸣叫。**取食**：主要以树叶和树皮上的昆虫为食，偶尔也以小型哺乳动物、鸟类和青蛙为食。捕食时，它们会快速袭击猎物并用强而有力的嘴杀死对方，一旦猎物断气，再将其带去另一个地点吃掉。**栖境**：筑巢在洞穴、岩石裂缝、蝙蝠盒以及靠近地面的树洞里，它通常单独栖居，不与其他蝙蝠混居。

繁殖 繁殖期雄性和雌性各自生活于不同群体中，雌性通常组成小群，雄性则往往单独生活，直到夏末。雌性6月产仔，每年1胎，每胎1～2仔。幼仔出生后靠母乳为生，能吃肉时即开始主动觅食。

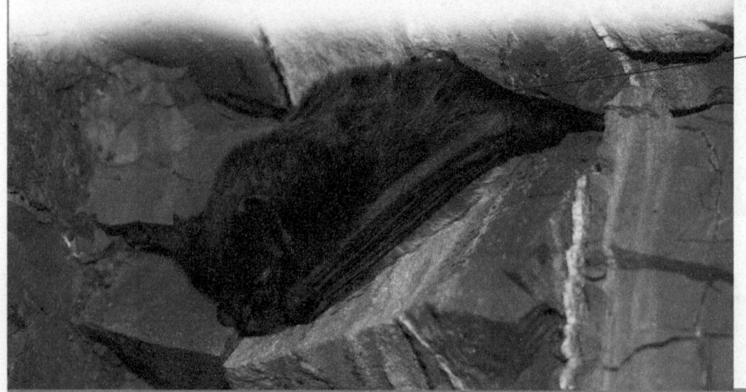

9月开始入眠，冬眠中不食不动，耳折于臂下，仅露出耳屏，体表温度仅有5.5℃

别名：鬼蝠、褐大耳蝠 | 分布：欧、亚洲 | 濒危状态：LC

大棕蝠

大棕蝠因地理隔离和自然选择，目前有指名亚种、北方亚种、南方亚种和新疆亚种之分。其体型中等，身披茶棕色外衣，故而得名。它夜里出动，形态几乎与老鼠相当，常被称作“小夜蝠”“放棕蝠”和“盐老鼠”。

形态 大棕蝠有较大的翅膀和耳朵，翅长约37厘米，耳朵基部较宽呈三角形，耳先端广圆。吻鼻正常，端部两侧凸起，局部裸出。背毛呈浓黄棕色，腹面和翼端淡褐色。头骨较长，颅全长在2厘米以上，前颌骨前部有明显的鼻窝。齿式为32，上颌具两门齿，内门齿较大，外门齿很小，且外门齿与犬齿间有间隙，臼齿3枚，最后1枚较小。下颌前臼齿2枚，第1枚较小；臼齿3枚，最后1枚小且不明显。

习性 **活动**：群息，不同种也能群息在同一场所，一个群体往往由几十甚至上百只组成。靠记忆辨识洞口，无声地飞出，飞出后会立即用网把洞门塞上，飞回时也不发声，只记洞口有无阻隔，会迅速飞入网中。对光照极度敏感，随季节和光照变化，其生理习性和机能也发生变化。**取食**：在日落黄昏或天明前后飞出觅食，主要以鞘翅目昆虫为食，也食用双翅目昆虫。**栖境**：匍匐于房顶的过木或房梁夹缝中或倒挂在梁上。

繁殖 6月初产仔，每胎1～2仔。秋天日照短时交配后卵子不立刻受精，精细胞保存在雌体输卵管内，次年春天食物出现时才开始卵裂，胚胎发育。幼仔产后会爬但不睁眼，靠吮吸母体乳汁生活，2个月左右可长成成体。

孤傲独行，行动迅捷
隐蔽处所除要求黑暗、温度适宜以外，还需要安静
牙齿多且明显

别名：小夜蝠 | 分布：欧亚大陆，北非，我国华北、西北和东北 | 濒危状态：LC

莱氏狐蝠 ▶ 科属：狐蝠科，狐蝠属 | 学名：*Pteropus lylei* K.A. | 英文名：Lyle's flying fox

莱氏狐蝠

莱氏狐蝠的头面部看起来颇似一只狐狸，故得名，又因喜食水果，还被称作莱氏水果蝠。它最先在我国云南被发现，后来种群扩散至柬埔寨、泰国和越南。目前在泰国较为多见，由于栖息树木死亡、人为捕杀等因素而使生存受到威胁；在柬埔寨亦遭捕杀。

牙齿发达，可以咀嚼水果并吐出种子，也吞进一些种子，利于生态传播

形态 莱氏狐蝠体型中等，翅展约90厘米，体重390～480克，有着黑色的长鼻子，大眼睛，颈部有一圈橙色的被毛。背部和翅膀呈深棕色或灰色，与头、颈部的明亮被毛形成鲜明的对比；下半身呈深棕褐色到明黄棕色不等；胸腹部呈黄棕色。

天敌少，利于整天安全地挂在树上

习性 **活动**：群居性，喜欢结大群栖居在高树上，白天喧闹。在泰国，已知最大的群落有大约3000名成员。群体之间的交往距离可达50千米。**取食**：喜欢吃成熟水果、花蜜、花粉和花朵。**栖境**：郊外树木、果园以及红树林中，在城市中也能生活。

繁殖 不详。野外生存平均寿命约5年。

缺少食虫蝙蝠的回声定位能力，觅食时主要依靠视觉感官

▶ 别名：泰国狐蝠 | 分布：柬埔寨、越南、泰国，中国云南等地 | 濒危状态：VU

马来大狐蝠 ▶ 科属：狐蝠科，狐蝠属 | 学名：*Pteropus vampyrus* L. | 英文名：Malayan flying fox

马来大狐蝠

马来大狐蝠是世界上体型最大的蝙蝠。由于滥捕滥杀，该种群正面临灭绝的危险。2009年的调查分析表明，其实际被猎捕的数量无法估计，最乐观的估计也达50万只。以这种速度继续下去，该物种将在最长81年内从地球上消失。

形态 马来大狐蝠头体长20~25厘米，体重0.65~1.1千克，翼展约1.5米。耳长且直立，耳端尖，无耳屏；头骨愈合程度高，轻而坚固；眼大而圆；牙齿尖锐。颈部较长；前肢和后肢由有弹性的皮膜联结在一起；前肢掌骨和除第一指外的指骨特别长，达60~70厘米，指末端有爪；后肢扭转，膝向背侧，比前肢短得多，约12厘米，具5趾。头部、身体被覆毛发；身体毛发长，颜色从黑色到棕褐色；背部毛发短、硬，从桃花心木红色至橙色和黑色；头部及被膜均呈深棕色，颈部及腹部为浅棕色。

习性 **活动**：群居，几只到数千只一群栖息在一起；夜行性，黄昏夜幕降临时会倾巢而出，寻觅食物，白天主要在树枝上倒挂休息，双翼包裹住身体；善于飞行，一般一个晚上可以飞出50千米觅食。**取食**：被称为“水果蝙蝠”，以花、花蜜、果实为食，长舌能够舔食花蜜而不损害花朵；果实以红毛丹、无花果、花椰子、榴莲和兰撒果树的果实为主，也吃芒果和香蕉。**栖境**：果实丰富的森林地带、红树林、椰林和混合水果园，以及低地森林；有些喜欢栖息在沿海地区。

繁殖 每年11月到翌年1月繁殖高峰期；繁殖季节与生活地区有关，在菲律宾幼仔大多数出生在4月和5月，在泰国出生高峰在3月或4月初。通常每胎只产1只；幼仔出生前几天留在栖息地等待母亲回来哺育；哺乳期2~3个月。

面部狭长，口鼻尖且突出，看起来如同狐狸，故得名“狐蝠”

▶ 别名：马来蝙蝠 | 分布：印度尼西亚、马来西亚、新加坡、泰国、越南 | 濒危状态：NT

犬蝠 | 科属：狐蝠科，犬蝠属 | 学名：*Cynopterus sphinx* V. | 英文名：Greater short-nosed fruit bat

犬蝠

犬蝠的面部特别像犬科动物，它因经常偷吃果园果实而遭到捕杀，事实上它也做了一些好事，如为椰枣树传播种子和花粉。

前肢和后肢由弹性皮膜联结在一起

形态 犬蝠体型中等，头体长95~103毫米，翼展长约48厘米，平均前臂长70毫米。面部狭长；吻鼻长且突出，吻宽，鼻孔为管状；耳大且直立，耳端略尖；眼睛倾斜，虹膜橙红色。前肢掌骨和除第一指外的指骨特别延长，指端有爪；后肢扭转，比前肢短。身体除双翼外被覆毛发，细密柔滑；面部呈灰黄色，周围橙黄色；耳缘色浅；颈部咖喱黄色，背部橄榄褐色，腹面锈黄色，腹部以下毛短呈棕绿色；双翼黑色。

习性 **活动**：群居，8~10只一群；除交配季节外雌雄分开。夜行性，黄昏时分外出活动觅食，白天倒悬在树枝上双翼裹住身体，一经骚扰立即放弃离开。**取食**：以果实为食，通过气味寻找成熟果实；以无花果、番石榴、大蕉、芒果、龙眼、荔枝等为主。**栖境**：低海拔的草原、热带森林，栖息于椰树、芭蕉、棕榈叶丛荫蔽处。

繁殖 一夫多妻制。交配季节一般6~8只雄性和12~15雌性群居在一起。交配过程中表现出只有灵长类才有的口交行为以延长交配时间。每年繁殖两胎，每胎1只。第一次交配在每年10月，妊娠期3~5个月，幼仔翌年2~3月出生；生产后会立即交配受孕，第二只在7月出生。刚出生的幼体体重13克左右，翼展24厘米；雌性5~6个月性成熟，雄性1岁才性成熟。寿命一般在10年左右。

别名：短吻果蝠 | 分布：南亚、东南亚，中国海南、广东、福建、云南等 | 濒危状态：LC

北非果蝠 | 科属：狐蝠科，果蝠属 | 学名：*Rousettus aegyptiacus* S. | 英文名：Egyptian fruit bat

北非果蝠

北非果蝠采用可视定位和超声定位，会发出短暂的咔哒声音；超声波的频率在12~70千赫，频率和持续时间非常类似海豚。它主要吃浆果和花蜜，经常偷吃农场的水果，每年植物开花和果实成熟时，农场主和农民会对其进行猎杀。

喜欢软且多汁的果实，更加趋向于未成熟和被昆虫、细菌等破坏了的果实

形态 北非果蝠体型中等，翼展平均60厘米，头体长度约15厘米，体重约160克；雄性体型较雌性略大，雄性有很容易区分的阴囊。面部狭长；吻部长且突出，吻宽，鼻孔呈细孔状；眼睛大，虹膜呈深褐色，瞳孔黑色，眼睛倾斜向上；耳大且薄，耳朵直立，耳端尖；口鼻部似犬科的口鼻部，面部如狐狸。前肢和后肢由弹性皮膜联结在一起；前肢掌骨和除第一指外的指骨特别长，指端有爪；后肢扭转，膝向背侧，比前肢短得多，具5趾。身体除双翼外被覆柔软的细毛发；头部毛发较少，口鼻处为肉粉色，头部呈灰褐色；身体呈浅棕色；双翼为暗褐色。

习性 **活动**：群居，有时成千上万只一起；昼伏夜出，黄昏时外出活动，天亮时回归，白天在树枝或洞穴中休息，倒悬并用双翼裹身。外出活动时主要依靠超声波定位，彼此靠近会发出各种声音进行交流，例如呼噜声和尖叫声。**取食**：以果实为食，也吸食花蜜，食量大；进食过程中还帮助植物传播花粉，例如面包树就靠北非果蝠来授粉。**栖境**：低地树林、草原均见，一般栖息在洞穴或隐蔽树枝上。

繁殖 每年只产一胎，每胎1只，偶尔2只；雌性妊娠期115~120天。幼仔刚出生时由母亲照顾，6周可单独留在栖息地；3个月可以飞行，单独外出活动觅食，9个月性成熟；后代与群体一同生活。野生寿命8~10年，人工饲养可达25年。

别名：埃及果蝠 | 分布：非洲、中东、印度 | 濒危状态：LC

吸血蝠 科属：吸血蝠科，吸血蝠属 | 学名：*Desmodus rotundus* É. G. | 英文名：Common vampire bat

吸血蝠

吸血蝠不食昆虫和果实，专以哺乳动物和鸟类的血为食。世界上存在着3种以吸血为生的蝙蝠，即普通吸血蝙蝠、白翼吸血蝙蝠和毛腿吸血蝙蝠，均分布于美洲热带和亚热带地区，最常见的是普通吸血蝠，另外两种较少见，生活习性也鲜为人知。

形态 吸血蝠体型与其他蝙蝠相仿，体长约9厘米，翼展约18厘米，尾巴不外露。毛较短，背部暗棕色，腹部呈银灰色。相貌丑恶，鼻部有一“U”字形肉垫，耳朵呈三角形，吻部很短，形如圆锥，犬齿长而尖锐，上门齿发达，锋利如刀。前后肢靠翼膜连接形成强有力的翅膀，便于飞行。

习性 **活动**：群居，天黑后会成群结队地出动。**取食**：白天潜伏在洞中，午夜前飞出山洞，常在距地面1米的低空飞行搜寻食物。其中白翼吸血蝠和毛腿吸血蝠嗜吸鸟血，而普通吸血蝠则吸食哺乳动物的血。它们降落于寄主所在区域附近，悄悄爬上寄主的前肢、肩部或颈部，利用锋利的门齿和犬齿撕开寄主的皮肤，用舌舔食流出的血液。吸血对象往往是正在熟睡的动物，偶尔也吸食人血。**栖境**：群居，住在山谷洞穴的岩壁上。居住环境几乎完全黑暗，藏身地由于体表黏附和体内淤积各种动物血液，到处散发着浓烈的氨水气味。

繁殖 不详。

眼睛在漆黑的山洞中无任何作用，但嗅觉和听觉灵敏，靠回声定位辨识方向

性情凶猛狠毒，行动迅捷，是“黑色杀手”，牙齿像锋利的“刀口”，令人毛骨悚然

每晚的吸血量甚至超过其体重的50%，会妨碍家畜生长，且容易传播疾病

别名：不详 | 分布：美洲中部和南部 | 濒危状态：LC

小菊头蝠 | 科属：菊头蝠科，菊头蝠属 | 学名：*Rhinolophus hipposideros* B. | 英文名：Lesser horseshoe bat

小菊头蝠

小菊头蝠因为口鼻部的独特结构似菊花而得名。它很容易受到来自地面和空中捕食者的攻击，包括鹰、猫头鹰、大型鸟类以及哺乳动物，如松貂、猫等。它能够消灭蚊虫，粪便可以入药。

形态 小菊头蝠是世界上最小的蝙蝠之一；体长35~44毫米，前臂长35~38毫米，体重仅5~9克，翼展长192~254毫米。耳大且薄，耳基略宽阔，耳端部削尖，不具耳屏。眼睛较小，双眼倾斜，靠近吻鼻端较低。前肢仅具一指，其他指与骨间膜连在一起；第3、4、5指的掌骨不等长，依次增长，第4、5掌骨长度较接近，第3指的掌骨最短，第2指仅具掌骨而无指骨。后足除第1趾外，其余各趾均具3个趾节。翼膜止于足跟部。骨间膜起于胫部，骨间膜后缘呈弧形。全身被覆细密柔软、蓬松的毛；背毛淡棕褐色，毛基色淡，呈浅棕灰色，毛尖呈棕色；腹侧呈灰色；腹毛均为灰棕色；翼膜和骨间膜为黑褐色。

习性 **活动**：群居，1~5头结成一群，偶见20只大群，季节性出现同性群；多与其他蝠类共居。夜行性，昼伏夜出，黄昏时外出觅食，天亮时返回栖息地。冬季温度较低时冬眠。**取食**：捕食蛾、蚊类，以鞘翅目及鳞翅目昆虫为食。**栖境**：生活在林区、石灰岩地带，栖于低山山洞、矿洞、坑道或居民点附近的洞穴内。

繁殖 每年秋季交配。妊娠期约67天，雌性6月中旬到7月初产仔，每胎只产1只。幼仔刚出生时约2克，10天睁眼，4周左右断奶；6~7周可以单独活动；1年左右性成熟，雄性平均性成熟时间为471天左右，雌性的性成熟时间为500天左右。小菊头蝠在野外环境下寿命只有3~4年，人工饲养环境中寿命长达21年。

吻鼻部具复杂的叶状皮肤衍生物鼻叶

别名：不详 | 分布：地中海沿岸、中东、越南北部，中国华东、四川和海南 | 濒危状态：LC

鳞甲目

PART 14

256~257页

中华穿山甲 | 科属：穿山甲科，穿山甲属 | 学名：*Manis pentadacty* L. | 英文名：Chinese pangolin

中华穿山甲

中华穿山甲是8种现存穿山甲之一，1990年被列入《濒危野生动植物种国际贸易公约》附录二，任何从野外捕猎的商业用途均被禁止。

形态 中华穿山甲体长50~75厘米，尾长30~40厘米，体重2~3千克；雄性体型粗壮，体重、头体长、尾长、体全长均比雌性略大。体型狭长；头部呈圆锥状；耳小不突出；面颊长；吻部突出；无牙齿，舌细长，表面分泌黏液。四肢强健，足具五指（趾），指（趾）端有尖锐的爪；雄体肛门后有凹陷，外生殖器明显；背部稍微隆起；腹面平；尾部扁平，尾基宽，向后渐狭小。头、颈、背、体侧、尾和四肢外侧均被覆角质鳞片，呈瓦状排列，颜色随不同产地而呈黑褐色或浅棕色或两种共存，鳞片间杂有硬毛；下颌、胸、腹、尾基部和四肢内侧无鳞片而有稀毛；两颊、眼和耳部均被毛。

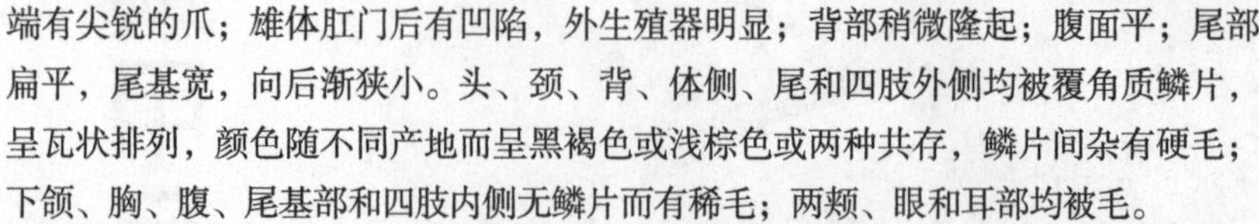

习性 **活动**：除繁殖季节外都是独居；夜行性，傍晚、夜间外出活动觅食，白天活动少，在洞中蜷缩休息；畏寒，冬季在洞中冬眠；嗅觉发达，视力退化。**取食**：以白蚁为主食，也食黑蚁或蚁幼虫和其他昆虫幼虫，从不食素；无牙齿，囫囵吞食；胃中被着角质膜，借吞食时吞进胃中的小砂石将食物磨碎；一次能食白蚁300~400克，饱食后2~3天不吃也可以。**栖境**：丘陵、山麓、平原的树林潮湿地带；喜炎热，能爬树；穴居，洞深2~4米、径20~30厘米。

背部鳞片与体轴平行，共15~18列，尾上另有纵向鳞片9~10片

繁殖 每年4~5月发情，雌雄居住在一起，交配结束后分开。雌性妊娠期为5~6个月，12月到次年1月生产。雌性每胎产1只；幼体刚出生时眼睛紧闭，鳞片软，浅白色；半个月睁眼，鳞片逐渐角质化变硬。2个月可随母体外出觅食，外出时趴在尾基部；6个月可独立生活。

别名：不详 | 分布：尼泊尔、缅甸、泰国、越南、老挝，中国南方 | 濒危状态：CR

树穿山甲 | 科属：穿山甲科，穿山甲属 | 学名：*Manis tricuspis* C.R. | 英文名：Tree pangolin

树穿山甲

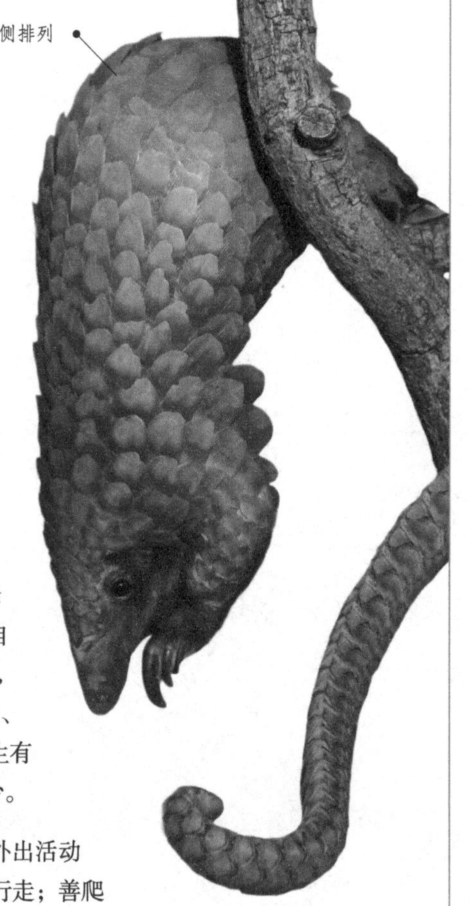

树穿山甲是非洲原住民，天敌有豹、鬣狗及蟒蛇等。除了以牙齿消化食物外，它们的胃像砂囊般充满吞下的石及砂，游泳时会将胃部充气以增加浮力。它是国家保护的二类珍稀动物之一，鳞甲是名贵中药材，但严禁捕杀。

形态 树穿山甲头体长42~50厘米，尾长55~67厘米，体重约1.8千克。体形狭长，头呈圆锥状，耳朵较小，位于眼睛后端；眼大而突出；口鼻突出，吻端尖，鼻孔大；舌细长，没有牙齿。四肢粗短；背面略隆起；尾扁平且长。前后足均具5指（趾），指（趾）端有锋利的硬爪；前足爪长，后足爪较短小。自额顶部至背、四肢外侧、尾巴都有鳞片，呈黑褐色；鳞片之间杂有硬毛。两颊、眼、耳以及颈腹部、四肢外侧、尾基都生有长的白色或棕黄色稀疏的硬毛，绒毛极少。

习性 **活动**：独自生活；夜行性，夜间外出活动觅食；四肢行走，也可以单后肢及尾巴行走；善爬行，嗅觉发达；胆子小，受到威胁时会将身体蜷曲成球状，通过鳞片前后移动来割伤攻击者并发出攻击性威吓声，肛门的臭腺会分泌出和类似臭鼬的分泌物。**取食**：以昆虫为食，主要吃蚂蚁和白蚁，也吃树木上爬行昆虫；每天进食150~200克；用坚硬爪子将蚂蚁穴挖开，用长舌头啜出蚂蚁或白蚁。**栖境**：热带雨林、热带草原以及稀树草原等地带，会将巢筑在蚂蚁或白蚁洞穴内，但栖息在树上，在树杈或其他植物上蜷曲休息。

繁殖 全年均能繁殖，4~5月进入发情期，雌雄成体在一起生活。雌性妊娠期为150天左右，12月到次年1月生产；每胎产仔多为1只。刚出生的幼体鳞片很软，经过几天时间开始硬化；幼体会一直趴在母亲的尾巴基部；3个月后断奶，6~8个月时离开成体独立生活。

别名：鳞片白腹穿山甲 | 分布：非洲西部 | 濒危状态：VU

PART 15

260~261页

单孔目

短吻针鼹 ▶ 科属：针鼹科，针鼹属 | 学名：*Tachygolssus aculeatus* S. | 英文名：Short-beaked echidna

短吻针鼹

短吻针鼹又称刺食蚁兽，是卵生单孔类哺乳动物。身上既有毛又有棘刺，吻相对于头部较长，外貌像刺猬，以蚂蚁和白蚁等为食，擅挖掘。视力很弱，靠听觉和嗅觉活动。

形态 短吻针鼹体型较小，长35~53厘米，重2.5~6千克。背部和体侧覆盖有密长的硬刺，刺下有毛，腹面被毛而无刺，腹部中央有一少毛区域，雌兽育儿袋便在此处形成。吻较短且上翘，鼻和口位于吻端；口小，无齿，舌细长。眼小，耳小具外耳壳，部分隐于毛中。四肢短小，均为5指（趾）且具有强大的扁爪，爪强有力适于挖掘。尾短，下面裸露，尾基部附近有一泄殖孔。

习性 **活动**：夜行性，黄昏和夜晚出来活动。平时在地面活动，遇到危险时迅速掘洞逃遁，紧急时会蜷缩成刺球，有倒钩的刺会飞速射向敌方。冬眠时体温降到接近环境温度。**取食**：主食蚂蚁和白蚁。**栖境**：多石、多沙和多灌丛的区域，住在岩石缝隙和自掘的洞穴中。

繁殖 卵生哺乳动物，繁殖习性很特别，每年5月左右雌性腹部长出一个临时育儿袋，将1枚具有革质壳的白卵由泄殖孔直接产到育儿袋中，约10天，体长约12毫米、重不到0.5克的幼仔破壳而出。幼仔在育儿袋中生活约两个月，靠吮吸经雌兽毛孔分泌出来的乳汁成长，长出刺后从袋中第二次出生，但依旧不能独立生活。7~8周断奶后，雌兽的育儿袋也随之消失。寿命很长，动物园中有的活过50年。

寻食时吻前伸，一边探索一边掀开地面上的覆盖物，用细长而富含黏液的舌来捕获食物，并用舌上的角质板和口腔顶部的硬嵴来磨碎

▶ 别名：澳洲针鼹 | 分布：澳大利亚、塔斯马尼亚和新几内亚 | 濒危状态：LC

鸭嘴兽

尾大而扁平，约为体长的1/4，在水里起着舵的作用

鸭嘴兽是未完全进化的哺乳动物，是最原始的哺乳动物之一，种类极少，嘴和脚像鸭子，身体和尾部则像海狸。它能像爬行动物或鸟类一样卵生，却又能像哺乳动物般喂幼仔奶水，被列为“卵生哺乳动物”，它是从爬行动物向哺乳动物进化的一个非常重要的特殊环节。

形态 鸭嘴兽体长40~50厘米，雌性700~1600克，雄性稍重。柔软的褐色浓密短毛像一层上好的防水衣覆盖全身，能使它在较冷水中保持温暖，但它体温很低。脑较小，呈半球状。嘴巴极宽扁，似鸭嘴，质地柔软，似皮革一般，上面布满神经，能像雷达扫描器一般接受其他动物发出的电波，在水中寻找食物和辨明方向时游刃有余。无齿（幼体有齿），但有不断生长的角质板代替，扁平的舌头可辅助咀嚼。四肢短小，五指（趾）具钩爪，行走或挖掘时，薄膜似的蹼反方向摺于掌部。

习性 **活动**：营独居、夜行性生活，多在水里活动，游泳时前肢蹼足划水，靠后肢掌握方向。清晨和黄昏时在水边猎食甲壳类、蚯蚓等。冬季冬眠。**取食**：喜吃小的水生生物，如虾米、蠕虫等，每天食量与体重相当。**栖境**：河流、湖泊中，喜欢穴居水畔，洞口开在水下。

繁殖 卵生的哺乳动物，无乳房和乳头，成束的乳腺直接开口于腹部乳腺区。产卵于提前预备的巢内，每次2~3卵，彼此粘在一起，像鸟类一样靠母体孵化。孵化期两周，哺乳期约5个月。2岁多性成熟。寿命10~15年。

我是危险的动物，身上的83种毒素有不同组合，会引发炎症、神经损伤、血液凝固等症状，令人死亡

别名：鸭獭 | 分布：澳大利亚、塔斯马尼亚和新几内亚 | 濒危状态：NT

有袋目

PART 16

264~269页

北美负鼠 ▶ 科属：负鼠科，负鼠属 | 学名：*Didelphis virginiana* K. | 英文名：Virginia opossum

北美负鼠

北美负鼠是负鼠属中个头最大的，约有家猫大小，一般在城市附近出没或在垃圾堆中翻寻，像是大家鼠。有人害怕它们传播疾病，事实上由于体温较低，它们非但不会传播疾病，还对狂犬病等有抗病性。

体型如家猫一般大小

形态 北美负鼠长38~51厘米，重4~6千克。体毛呈深灰褐色，面部毛发呈白色，尾巴上无毛，却很长。鼻子长而扁。牙齿众多，多达50颗。5指（趾），后肢的拇趾上无爪，并可与其余四肢相反。雌性的乳头别具一格：12个乳头围绕中间1个呈圆形排列，像古代兵法家精明的排兵布阵图。

习性 **活动**：独行性、夜行性。**取食**：杂食性，植物、动物通吃。会吃宠物食物、腐烂的果实，常在垃圾中翻寻。**栖境**：城市附近。

繁殖 寿命很短，野生种最长可活两年，若生活在没有掠食者的环境中可多活1年。蓄养的可以活4年。

遇到严重危害时，会咆哮或张牙舞爪表示极力反抗，反抗无效时会使出“独家秘笈”：装死——在足够的刺激下，会昏睡约4个小时，昏睡时口和眼均张开，舌头伸出，肛门处排出绿色液体，发出腐臭的气味，真是极好的演员

除了后肢拇趾外，所有脚指（趾）都有爪，有时可以在脚印上看到爪痕

▶ 别名：不详 | 分布：中美洲、北美洲 | 濒危状态：LC

蜜袋鼯 | 科属：袋鼯科，袋鼯属 | 学名：*Petaurus breviceps* W. | 英文名：Sugar glider

蜜袋鼯

背部贯穿一条黑斑

长长的尾巴有助于在四肢着陆前掌握身体的方向和稳定性

蜜袋鼯身披毛茸茸的外衣，耳朵薄而尖，眼睛又大又圆，体态轻盈娇小，外形可爱，温和，黏人，很喜欢和人亲近，又易被驯服，可随身携带，作为宠物饲养被称为“小蜜”。

形态 蜜袋鼯体型很小，体长约20厘米，和尾长相当。雄性重110～160 克，雌性较轻。身体两侧拥有滑行膜，从手关节延伸到脚踝，利于在树林间做长距离飞行，飞行前先远眺并闻味道，不飞行时皮薄膜会收缩垂于身旁。强壮的后腿可使其轻松地从一个高树枝滑翔至另一个高树枝。长尾巴有助于掌握身体的方向和稳定性。细长的手脚指（趾）和有尖锐的利爪可助攀爬活动一臂之力。

习性 **活动**：夜行性、群居性动物，多在树上活动，日间睡觉。族群成员包含一只地位最高的雄鼯、两只排行老二的雄鼯和四只成熟雌鼯，族群成员可达12只。**取食**：接近草食性的杂食性动物，喜甜食，但宜少吃，偏爱富含蛋白质的食物，在繁殖期高达50%。野生种喜欢吃各种昆虫，也爱吃水果，树蜜。**栖境**：树林中。

繁殖 每胎1～2只，孕期约16日。刚出生者全身无毛，只有200毫克（与一颗小胶囊的大小和重量相当）。经过约70天的哺乳期才睁开眼，毛发渐全，可离开雌鼯育袋。8～14个月性成熟。野生种寿命较短，约四五年。人工饲养的寿命达12年。

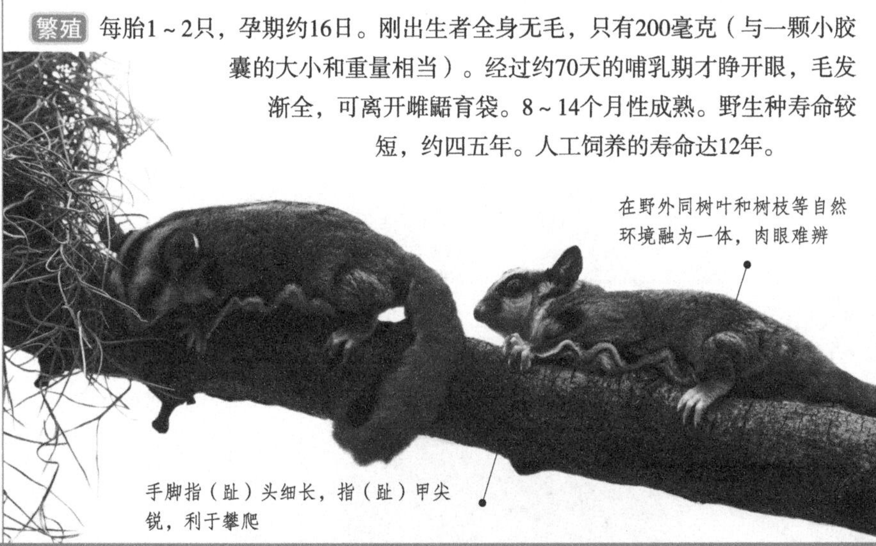
在野外同树叶和树枝等自然环境融为一体，肉眼难辨
手脚指（趾）头细长，指（趾）甲尖锐，利于攀爬

别名：澳洲飞袋鼠、糖袋鼯、小飞鼠 | 分布：澳洲 | 濒危状态：LC

树袋熊 ▶ 科属：树袋熊科，树袋熊属 | 学名：*Phascolarctos cinereus* G. | 英文名：Koala

树袋熊

温顺胆小，体态憨厚，酷似小熊，可爱无比

树袋熊是澳洲的特有种，是澳大利亚的国宝和奇特珍贵原始树栖动物。它每天17~20小时处于睡眠状态，以分解桉树叶中的有毒物质。

形态 树袋熊体型因地域和性别不同而有差异：北部种雄性头体长约70厘米、重约6.5千克，雌性略小；南部种略大些。耳大且有茸毛，鼻子裸露且扁平，尾退化成一个“坐垫”，臀部的皮毛厚而密，能长时间坐在树上。身被又厚又软的浓密灰褐色短毛，胸部、腹部、四肢内侧和内耳呈灰白色。成年雄性白色胸部中央具有一块特别醒目的棕色香腺。四肢修长强壮，肌肉发达，具5指（趾），其中2指（趾）与其他3指（趾）相对，适于抓握物体和攀爬，后肢大脚趾没有长爪，其他趾端生有又长又尖且弯曲的爪。

习性 **活动**：夜行性动物，晨昏和夜间活跃，白天蜷作一团栖息在桉树上，偶尔下到地面。通过多种声音沟通交流，雄性主要通过吼叫来表明其统治与支配地位，以避免打斗消耗能量，并向其他动物表明自身位置。能游泳，但只偶尔游。**取食**：以桉树叶和嫩枝为食，食物中水分基本可以满足身体对水的需求。**栖境**：澳大利亚东部沿海岛屿、高大的桉树林以及内陆的低地森林中。

繁殖 8月至次年2月繁殖，孕期35天，每年1胎1仔。有些雌性2~3年繁殖一次，取决于雌性的年龄和栖息环境的质量。雌性3~4岁性成熟，野生雌性的寿命约12年。

晨昏和夜间活跃，比在白天气温较高时活动更能节省水分与能量

嗅觉灵敏，行动迟缓，受到刺激后很久才会惊叫出声，受到惊吓后会连哭带叫，声音像新生婴儿

▶ 别名：考拉、无尾熊、可拉熊 | 分布：澳大利亚东部 | 濒危状态：LC

红袋鼠 | 科属：袋鼠科，大袋鼠属 | 学名：*Macropus rufus* D. | 英文名：Red kangaroo

红袋鼠

红袋鼠是体型最大的袋鼠，也是澳洲最大的哺乳动物及现存最大的有袋类动物。

形态 红袋鼠高约1.5米，耳朵尖长，吻呈方形。身体有红褐色短毛，下身及四肢呈黄褐色。雌性呈蓝灰色，下身呈淡灰色。前肢有细小的爪，后肢粗壮适于跳跃，尾巴强壮利于平衡和站立。脚像橡皮圈，适于跳跃。

能跳七八米远和1.5～1.8 米的高度，“奔跳”速度可达时速60千米

难以容忍外族成员进入家族，甚至不欢迎长期外出再回的本家族成员；新成员需要被“教训”一番，学会必要的“规矩”后才能有机会和家族融为一体

会采取减少活动量、舔舐前肢等方法来维持36℃的体温

习性 **活动**：夜间、暮晨或日间较冷时活动。独居或以2～10只小群生活，食物不足时会聚集为大群。**取食**：吃草及其他植被，从食物中获取水分，可长时间不喝水。**栖境**：澳洲中部干旱内陆和稀树平原。

繁殖 全年可繁殖，但雌性是胚胎滞育的——直到幼袋鼠离开育幼袋才会再次孕育新生命。孕期约33天，每胎1仔。雌性临产前会用舌头舔干净育幼袋。幼仔出生约235天会永久离开育幼袋，约1岁会断奶。1.5～2岁性成熟，寿命20～22年。

眼睛可看到约300° 范围的世界
群居时小群内体型最大的做领袖，控制群内的交配；雄性打斗只为“红颜”而与地盘无关，可谓“重情轻利”，打斗时会以后肢或尾巴站立将对方推倒

别名：红大袋鼠、赤大袋鼠、大赤袋鼠 | 分布：澳大利亚 | 濒危状态：LC

东部灰大袋鼠

东部灰大袋鼠是世界第二大袋鼠，为澳大利亚特有物种，是澳大利亚最常碰见的袋鼠。一只雌性以每小时64千米的成绩创造了所有袋鼠的速度纪录。雄性为争夺主导地位常进行拳击比赛，得胜者会获得较好的食物资源和隐蔽处。

东部灰大袋鼠体型魁梧，善于跳跃，通常一跳可以达到9米

形态 东部灰大袋鼠雄性身高约2米，头尾长约2.64米；雄性体型比雌性大得多，雄性体重50~66千克，雌性体重17~40千克。体型魁梧壮硕；头小；耳大，耳端尖，耳基窄，高高直立；面颊长；眼睛大且张得很开；吻端突出，口鼻部覆盖细毛。前肢短小，后肢粗壮发达。尾长，基部粗壮。体毛灰色，面部、背部呈淡灰色或褐色，鼻端为黑色，腹部为银色或乳白色，有时更接近白色，尾端有黑尖。

习性 **活动**：群居性，由2~3只雌性及幼仔、相同数量的雄性组成；夜行性，白天躲藏在草丛或灌丛中休息，黎明和傍晚时分外出活动。跳跃能力强，一次跳跃可达9米；移动速度快，最高可达每小时64千米。**取食**：草食性，以禾草、阔叶草本植物和各种杂草为食，群体共同进食。**栖境**：澳洲湿润肥沃、长有浓密草丛的开阔草原地带；在海岸区域、林地、亚热带森林以及内地矮树丛也能见到其身影。

成年雌性袋鼠可同时拥有一只在袋外的小袋鼠，一只在袋内的小袋鼠和一只待产的小袋鼠

繁殖 春夏繁殖。每年生殖1～2次，妊娠期30~40天。幼体出生后立即被存放在母袋鼠的保育袋内；6~7个月才离开保育袋外出活动，一年后正式断奶离开保育袋；3~4年性成熟。圈养寿命可达20年，野生寿命只有约10年。

别名：东部灰袋鼠、灰大袋鼠 | 分布：澳大利亚南部及东部 | 濒危状态：LC

刷尾负鼠 ▶ 科属：袋貂科，袋貂属 | 学名：*Trichosurus vulpecula* K. | 英文名：Brush tailed Possum

刷尾负鼠

刷尾负鼠是澳大利亚最大的树栖有袋动物，外观像狐，可站立，体毛灰色或白色，也有罕见的金色，下身底部没有毛。在城市中易看见它们的踪迹，是少数生活在澳洲大自然及人工环境的动物；在野外极为罕见，仅存在于塔斯马尼亚岛。

我是抢掠者和机会主义者，果树、蔬菜园及厨房都是我乐此不疲的好去处，还会掠食鸟类的蛋

形态 刷尾负鼠耳大嘴小，吻稍向前突出，眼睛大圆有神。四肢有尾，指（趾）有5爪，爪尖锐锋利易于抓握，尾长而粗壮利于平衡，尾巴有盘卷能力。腹部有袋。

习性 **活动**：夜行性动物，一般独居或以细小族群聚居。主要在树上生活，也会很多时间在地上出没。幼仔常于成年刷尾负鼠背上一起外出活动。**取食**：主要吃叶子，也会吃细小的哺乳动物，如家鼠。**栖境**：桉树林、阔叶林中。

繁殖 不详。

非常聪明，智力与狗不相上下，人工养大的会很驯服

机警、灵活，听觉灵敏，有高度的领地意识，雄性会大声嘶叫来保护领土

▶ 别名：帚尾袋貂、走地蝠袋鼠、狐袋鼬 | 分布：澳大利亚、新西兰 | 濒危状态：LC

PART 17

272~273页

带甲目

九带犰狳 | 科属：犰狳科，犰狳属 | 学名：*Dasypus novemcinctus* L. | 英文名：Common Long-nosed Armadillo

九带犰狳

九带犰狳是分布最广泛的犰狳，有6个亚种，其祖先在南美洲演化，并在300万年前的南北美洲生物大迁徙时进入北美洲。背负保护甲壳，甲壳中间部有9个可动带，故名“九带犰狳”。

形态 九带犰狳总长60～107厘米，重3.6～7.7千克。耳小，舌可伸缩，钉状的牙齿细小却发育不全，却终生生长。后腿短而有力，很适于挖掘。身体下面有稀疏而成簇的粗毛分布，身体两侧和四肢外侧常覆盖有骨板与鳞板，并由几列可动的横带分成前后两部，横带间由弹性皮肤连接，可将身体蜷缩成球状，以防御天敌侵害；护甲既有抵御功能，又可在逃入洞穴以后，将洞口紧紧堵起来，安全地躲在洞里。

习性 **活动**：独行夜行性动物，昼伏夜出，擅长挖地洞，也是游泳健将。**取食**：以昆虫（蚂蚁、白蚁等）、幼虫、毛毛虫、马陆和浆果为食，也吃毒蜘蛛、蝎子和蛇。**栖境**：可生活于不同的环境，如森林、草原和半荒漠区等。

繁殖 初夏配偶交配。孕期4个月，从胚胞底发展出四个胎芽，成四个胎儿，同卵四生，所以一胎各仔性别相同。小犰狳出生后很快能睁眼，步行，个体快速生长，软而完整的甲壳随成长革化变硬。新生幼仔体重50～150克，全长25～30厘米。哺乳期3个月，1岁性成熟。寿命一般为12～15岁，可长达20年。

喜欢夜里活动，为渡河可以令其肠脏膨胀，在水里可以闭气达6分钟，经底部穿过河流；若被惊吓，可以跳起达90～120厘米

遇险无法脱身时，会把四脚一缩，整个身体平贴在地上，或把身子蜷缩成被硬壳包裹的球形，从而得以逃生

别名：普通长鼻犰狳 | 分布：南美洲、中美洲、北美洲 | 濒危状态：LC

拉河三带犰狳

拉河三带犰狳是唯一能将整个身体蜷曲成完整球体以求自保的犰狳（仅有三带犰狳属的拉河三带犰狳和巴西三带犰狳能将身体蜷曲成完整球体），卷曲时其将头及尾完整收藏于由背上三片特殊的鳞甲和背壳形成的硬壳内，这样就能保护其他较易受伤的部位。较其他犰狳小，非常独特的是它只有四爪。

形态 拉河三带犰狳小巧玲珑，体长21.8 ~ 27.3厘米，重1 ~ 1.6千克，多为棕色和黄色。其腹部柔软有体毛，背部布满的铠甲则由许多小骨片组成，每个骨片上都覆盖有一层角质，非常坚硬。

习性 **活动**：虽然整个身体披着坚硬的铠甲，却不妨碍它的正常活动甚至快速奔跑。遇险来不及逃脱钻洞时会将全身蜷缩成球状，利用先天优势将自己保护起来。**取食**：杂食性，以蚂蚁、白蚁、甲虫和水果为食。**栖境**：干燥草原。

繁殖 胎生，每胎产1仔。当年11月至翌年1月交配，孕期约120天，哺乳期约10周，9 ~ 12个月达到性成熟。人工饲养者寿命可达17岁。

背壳下周布满白色体毛，如老翁一般，加上小小的耳朵、圆圆的眼睛，尤其可爱

肩部和臀部的骨质鳞片结成整体，不能伸缩；胸背部的鳞片分成瓣，由筋肉相连，伸缩自如

几乎不自己挖洞穴，而是占用废弃洞穴

别名：南三条纹犰狳 | 分布：阿根廷、巴西、巴拉圭及玻利维亚 | 濒危状态：NT

PART 18
275~277页

猬形目

迷你刺猬 | 科属：猬科，猬属 | 学名：*Atelerix albiventris* L. | 英文名：Domesticated hedgehog

迷你刺猬

迷你刺猬起源于埃及，小到在其宝宝期时酒杯或汤匙就能轻松容纳它们。成年时也只300多克，约长12厘米。迷你刺猬体形纤细，性格温驯。只有汤匙、鸡蛋大小的迷你刺猬会颠覆你对刺猬多刺不好玩的偏见，现在已经成为很多人的新宠啦！

形态 迷你刺蝟体型较小，约12厘米，约300克。腹部和脸部的毛呈白色或奶油色，背部呈棕色。白色的刺混杂着黑色或咖啡色；脸部也许会有较深的颜色像面具一般；脚上低点的地方通常呈较深颜色；耳朵的高度比刺的长度短，且被毛发环绕覆盖。

习性 **活动**：昼伏夜出。**取食**：杂食性，喜欢在清晨和黄昏时依靠灵敏的嗅觉出来觅食，各种无脊椎动物、小型脊椎动物和草根、果、瓜等都是它的美食。**栖境**：适宜的生活温度为21～28℃，喜欢钻洞栖息。

繁殖 繁殖期为每年6～8月，每年产1～2胎，妊娠期为35～37天，每胎产3～7仔。母刺猬不会发情，只有公刺猬会发情并发出似小麻雀的叫声。母刺猬孕期约35天，初生幼体全身粉红，白刺柔软且紧贴皮肤，约20天后慢慢睁开眼睛，刺也逐渐变硬。幼仔哺乳期约40天。一年左右即可达到性成熟，迷你刺猬的寿命约10年。

性情温和，胆子较小，易受到惊吓，喜欢安静，比较怕光，通常一天要睡10小时以上

一旦尝到以前没吃过的食物，就会将其嚼碎混合唾液扭身涂到刺上，据说一是为了和周围气味更近，二是为了下次发起进攻时有更强的攻击力

别名：不详 | 分布：埃及、英国 | 濒危状态：LC

普通刺猬 | 科属：猬科，猬属 | 学名：*Erinaceus eiropaeus* L. | 英文名：Western European hedgehog

普通刺猬

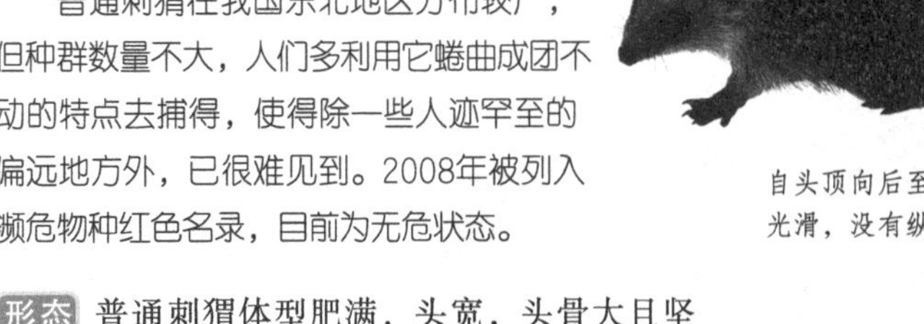

普通刺猬在我国东北地区分布较广，但种群数量不大，人们多利用它蜷曲成团不动的特点去捕得，使得除一些人迹罕至的偏远地方外，已很难见到。2008年被列入濒危物种红色名录，目前为无危状态。

自头顶向后至尾基部覆棘刺，表面光滑，没有纵长沟和节结状突起

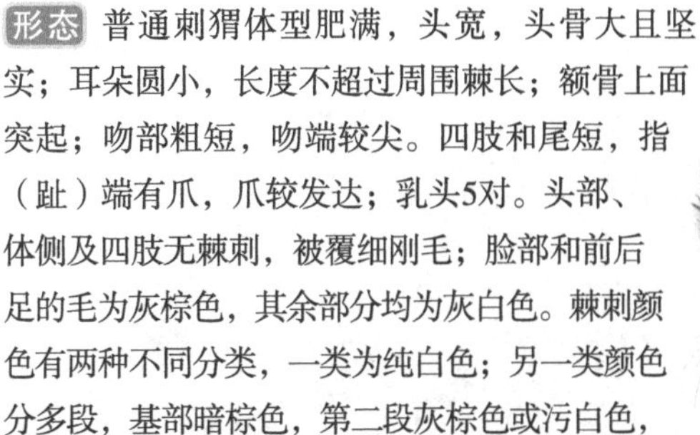

形态 普通刺猬体型肥满，头宽，头骨大且坚实；耳朵圆小，长度不超过周围棘长；额骨上面突起；吻部粗短，吻端较尖。四肢和尾短，指（趾）端有爪，爪较发达；乳头5对。头部、体侧及四肢无棘刺，被覆细刚毛；脸部和前后足的毛为灰棕色，其余部分均为灰白色。棘刺颜色有两种不同分类，一类为纯白色；另一类颜色分多段，基部暗棕色，第二段灰棕色或污白色，第三段黑棕色，第四段淡黄褐色，末端为黑棕色，亦有各段色环界线模糊不清的。

习性 **活动**：除繁殖期外单独活动；夜行性，黄昏和夜间外出活动，白天隐蔽在洞穴中歇息，在人烟较少处白天也外出活动；行动缓慢；遇到危险时身体蜷缩成刺球状，一动不动；每年10～11月初进入冬眠，翌年3月苏醒。**取食**：杂食性；主要以昆虫和昆虫幼虫为食，也捕食小型鼠类、鸟类、鸟卵、蛙类、蛇、蜥蜴等，也吃野果、菌类和各种浆果。**栖境**：山地森林、草原、开垦地或荒地、灌木林或草丛等各种环境，多栖息在平原及丘陵地；通常在低洼地方或沿山谷地的树根、原木及石隙或古墙的墙角洞穴中做窝，窝内以树叶、干草和苔藓等铺垫。

繁殖 每年3月出蛰后发情交配。雄性会因争夺交配权争斗。雌性妊娠期35~45天，5~6月产仔；每胎3~6只。幼体哺乳期约40天。雌性每年繁殖1~2胎；幼仔断乳后会进入发情期。在第二次哺乳期结束时冬季的冬眠也就开始了。

别名：刺球子、猬鼠 | 分布：欧洲、亚洲，中国东北、华北与华中各省 | 濒危状态：LC

PART 19

280~282页

披毛目

大食蚁兽 | 科属：食蚁兽科，大食蚁兽属 | 学名：*Myrmecophaga tridactyla* L. | 英文名：Giant anteater

大食蚁兽

大食蚁兽很奇妙，专吃蚂蚁类为生。它细长头，小眼耳，管状吻，细长舌，四肢强壮有力，细长舌是其摄取美食的绝好武器

尾部密生长毛，长约1米的蓬松多毛尾巴，雨天和热天可当伞，夜晚可用作绒毛毯子

形态 大食蚁兽体长可达1.8～2.4米，体重29～65千克，在现存四种食蚁兽中体型最大。头细长，眼耳极小且吻成管状，无齿，长约30厘米并伸缩的舌是取食的强大武器。前肢除第五指外，均具钩爪，后肢短，五爪大小相仿。体毛长且坚硬，长约40厘米，多为黑灰色并兼有棕褐色，前肢毛色淡，灰白毛较多，宽阔且镶有白边的黑色纵纹由喉部通过肩部上达至背部。

习性 **活动**：独居，夜行，对人畜无害，遇到危险时会疾走逃遁，动作十分难看，实在逃不脱时就用尾巴支撑身体，竖起前半身，用口中发出的奇特哨声和前足坚强有力的钩爪进行反击，威胁敌害。**取食**：以蚂蚁、白蚁和其他昆虫为食。当长嘴前端的鼻子嗅出白蚁气味后，锋利的前爪便刨开蚁封，直捣白蚁窝，利用长舌头上的黏液让惊慌逃窜的白蚁成为逃不掉的美食。**栖境**：热带草原和疏林中，尤喜在水边低洼处、草地、落叶林、雨林和森林沼泽地带营筑家园。

繁殖 春天繁殖，妊娠期约190天，每胎1仔。哺乳期母兽将幼兽驮在背上，形影不离，直到再次怀孕。幼仔约9个月接近成体。寿命约14年，人工饲养可达25年及以上。

前腿粗壮有力，长而呈镰刀状的爪子是自卫和挖掘蚁巢的武器

性情温和，一天可食白蚁30000只

别名：蚁熊 | 分布：乌拉圭和阿根廷西北部 | 濒危状态：VU

小食蚁兽

耳朵比较大，可达4~5厘米

小食蚁兽头部圆筒状，不同颜色的皮毛环绕颈部，又称“有领圈的食蚁兽”，常以蚂蚁、白蚁等为食。根据分布位置，可分为小食蚁兽和中美小食蚁兽，后者主要位于南美洲北部。化石和遗传证据表明，小食蚁兽跟巨食蚁兽是近亲，在1290万年前随着环境变化进化成两类。

形态 小食蚁兽成年个体体重为1.5～8.4千克，雌雄个体间没有明显区别。身长34～88厘米，卷曲的尾巴长度为37～67厘米，且尾下和尖端无毛，鼻吻长且弯曲，蠕虫状的长舌可灵活伸缩，舌上有唾液腺分泌的唾液和腮腺分泌物的混合黏液，用于黏取蚁类。

可以尾巴支持后部，半身挺起，宛如一副三脚架

习性 **活动**：夜间活动，偶尔白天出来。**取食**：主食蚁、白蚁及蜜蜂等，取食昆虫时会用强健的前臂撕开巢穴，靠细长的鼻子和圆舌头去舔食。**栖境**：潮湿和干燥的森林中，包含热带雨林、热带草原和热带旱生灌木丛，窝通常在中空的树干或其他动物的洞穴中，独居于不同的生境中。

繁殖 雌兽一年有多次求偶期，交配常发生在秋天。妊娠期130～190天，幼仔常在春天诞生。刚出生的幼仔跟父母不同，被毛黑白不等，有时趴在母亲的背上，有时会藏在母亲安全而舒适的“福窝”里。

既能树栖又能地栖

体型像犬那么大，因尾巴大，有的看似大松鼠

别名：不详 | 分布：墨西哥、特立尼达、巴西南部和乌拉圭 | 濒危状态：LC

二趾树懒 科属：二趾树懒科，二趾树懒属 | 学名：*Choloepus didactylus* L. | 英文名：Two-toed sloths

二趾树懒

二趾树懒外形略似猴，动作缓慢，常用爪倒挂在树枝上数小时不移动，故名。其大部分时间都在树上睡梦中度过，一天能睡15个小时，懒如其名。

形态 二趾树懒体长约70厘米，口鼻部凸出，蓬松密长的体毛逆向而生，尾退化，身体呈流线型。前肢两爪，后肢有三爪，爪锋利有劲。体毛上因长有地衣和藻类，故常为绿色，树懒是唯一身上长有植物的野生动物。胃的构造似牛胃，会反刍，消化道短小，能耐饥一月有余。

习性 **活动**：独居，夜行生活，雌性偶尔会整群占据同一株树，年轻雄性多会继承父母留下的地盘。排便及要换新树、进食时才会爬到地面，代谢率低，一周排便一次。**取食**：夜间觅食，利用前肢抓取植物叶片和果实后放在口腔内进食；不会直接喝水，通过植物和舔舐露水满足身体对水的需求。**栖境**：热带雨林，潮湿的树林。

繁殖 悬吊在树枝上生产，没有特别筑巢。雌性孕期平均279天，每胎产1仔，出生时长约25厘米，重约356克。雌性3岁后达到性成熟，雄性需到4～5岁。野生种寿命约20岁，人工饲养寿命25～30岁。

进食、睡眠、交配、产子、育儿都在树上进行，
大半辈子都吊在树上

别名：不详 | 分布：委内瑞拉、圭亚那、秘鲁、厄瓜多尔、哥伦比亚等 | 濒危状态：LC

中文名称索引

英文名称索引

拉丁名称索引

参考文献

[1] T.A.沃恩等. 哺乳动物学. 刘志霄译. 北京：科学出版社，2018.

[2] 蒋志刚. 中国哺乳动物多样性及地理分布. 北京：科学出版社，2018.

[3] 盛和林. 中国野生哺乳动物.北京：中国林业出版社，1999.

[4] 李健. 动物园中的中国珍稀哺乳动物. 北京：人民邮电出版社出版，2018.

[5] 美国不列颠百科全书公司. 哺乳动物. 董颖霞译. 北京：中国农业出版社，2012.

[6] 潘清华，王应祥，岩崑. 中国哺乳动物彩色图鉴. 北京：中国林业出版社，2007.

[7] 中国野生动物保护协会. 中国哺乳动物图鉴. 郑州：河南科学技术出版社，2005.

[8] 朱丽叶·克鲁顿·布罗克. 哺乳动物：全世界450多种哺乳动物的彩色图鉴. 王德华等译. 北京：中国友谊出版公司，2005.

图片提供：

www.dreamstime.com